Valenzkräfte und Röntgenspektren

Zwei Aufsätze über das Elektronengebäude des Atoms

Von

Dr. W. Kossel
o. Professor an der Universität Kiel

Zweite, vermehrte Auflage

Mit 12 Abbildungen

Springer-Verlag Berlin Heidelberg GmbH
1924

ISBN 978-3-662-39071-9   ISBN 978-3-662-40052-4 (eBook)
DOI 10.1007/978-3-662-40052-4

Vorwort zur zweiten Auflage.

Die beiden in diesem Buch enthaltenen Aufsätze sind zuerst für die „Naturwissenschaften" geschrieben und dort 1919 und 1920 erschienen. Der Hauptteil des ersten ist auch in der neuen Auflage bis auf einige kleine Verbesserungen im Text unverändert geblieben, während der Schlußteil, der sich mit den Beziehungen zu anderen Methoden beschäftigt, erweitert wurde und nun z. B. auch auf das Verhältnis zur *Lewis-Langmuir*schen Theorie etwas eingeht. Der zweite (aus dem Heft „Zur Feier der Entdeckung der Röntgenstrahlen vor fünfundzwanzig Jahren") ist wiederum, wie in der ersten Auflage, etwas erweitert worden, um die Beziehungen zum ersten noch etwas weiter zu verstärken und auch von *Bohrs* neuen Gedanken über die Feingliederung der Elektronenschalen einen ersten Begriff zu geben. Beide Aufsätze enger ineinanderzuarbeiten, erschien nicht zweckmäßig, weil es anschaulich ist, auch äußerlich hervorzuheben, daß hier ganz verschiedenartige Methoden zum gleichen Ziele arbeiten. Die Literaturangaben am Ende der Aufsätze sollen Stellen nachweisen, von denen aus sich in die im Text berührten Fragen weiter eindringen läßt.

Kiel, im Juni 1924.

W. Kossel.

Inhaltsverzeichnis.

I. Über die physikalische Natur der Valenzkräfte.

1. Unter den physikalischen Erscheinungen standen lange Zeit die Valenzkräfte, die die Chemie annehmen muß, um den Zusammenhalt der Atome zu erklären, unverstanden auf der Seite. Trotzdem die Versuche, sie unter die bekannten physikalischen Kräfte einzuordnen, nahezu so alt sind wie der neuere Atombegriff überhaupt, konnte keiner dauernde und unbestreitbare Vorteile in der Ordnung der chemischen Tatsachen bringen. Es blieb das beste, rein beschreibend das Vorhandensein von ,,Valenzkräften'' zu konstatieren und rein empirisch einiges Weitere über die Regelmäßigkeiten ihres Wirkens festzustellen. So ist das Strichschema der Kohlenstoffchemie heute allgemein für den Chemiker das adäquateste Mittel, seine Begriffe zu ordnen und zu entwickeln und hat nur in einem Bereich, wo es gar zu unzureichend ist, dem Gebiet der Komplexverbindungen, dem neuerdings aus der Erfahrung gewonnenen Begriff der Koordinationszahlen die Herrschaft zugestehen müssen. Seitdem *Berzelius'* erster großer Anlauf zu einer physikalischen Theorie mißlang, sind derartige empirische Schemata, einige zu merkende Zahlen und einige mehr oder minder formal genommene Polaritätsbegriffe dem Chemiker genügendes Werkzeug geblieben, um sein ungeheures Gebäude damit aufzubauen. Die strukturellen Prinzipien brauchten mit der Ausdehnung ihrer Anwen-

dungen kaum erweitert zu werden, für ihr Wesen selbst ergab sich aus der ständigen Wiederholung ihrer Brauchbarkeit wenig Neues. Die Frage der *physikalischen Natur* dieser immer wieder aufs neue angewandten Gesetze blieb nahezu völlig stehen und auch von physikalischer Seite blieb es bei gelegentlichen Tastversuchen, etwa von der kinetischen Gastheorie aus. Erst als in den neunziger Jahren die physikalische Atomistik neu auflebte, wandte sich das Interesse sehr rasch auch dieser Seite wieder zu, und seit wir in den letzten Jahren begründete Aussicht haben, in den Bau des Atoms selbst mit physikalischen Vorstellungen einzudringen, ist die Frage nach der Darstellung der chemischen Atomkräfte wiederum im stärksten Fluß. Hierüber soll auf freundliche Aufforderung des Herausgebers der „Naturwissenschaften" dieser Aufsatz einiges berichten.

2. Es kann nicht mehr zweifelhaft sein, daß die definitive Lösung gerade auf *die* physikalischen Kräfte führt, die der älteste Versuch, der von *Berzelius*, im Spiele sah, auf die elektrischen. Die Erscheinungen, die auf diesen Gedanken hinleiten, sind bekannt und so hervorstechend, daß an einem engen Zusammenhang der *elektrochemischen* Erscheinungen mit den Tatsachen der Valenzbetätigung nie mehr gezweifelt werden konnte.

Der Gedanke aber, daß die Valenzkräfte selbst geradezu in elektrostatischen Anziehungen beständen, scheiterte in der öffentlichen Meinung daran, daß er sich nicht *allgemein* durchführen ließ. Je mehr die Verbindungsarten, die ihm hartnäckig widerstrebten, in den Vordergrund der Fortentwicklung traten, desto mehr mußte seine Unzulänglichkeit empfunden werden, und in dem Gedränge des Streits über die für die organische Chemie notwendigen Begriffsbildungen, der die Mitte des vorigen Jahrhunderts erfüllte, versank er schließlich ganz.

Man sah weiterhin die elektrochemischen Ladungen als eine Begleiterscheinung an, die die Valenzbetätigung im anorganischen Gebiet zeige, nahm etwa an, daß die Valenzkräfte gelegentlich imstande seien, statt anderer Atome elektrische Ladungen festzuhalten, verlieh aber dem Begriff der Valenzkräfte einen ganz selbständigen, von physikalischen und insbesondere elektrischen Vorstellungen gänzlich unabhängigen Charakter, der zudem in dem wenigen, worin man ihn genauer auszugestalten hatte, im wesentlichen von den reichen Erfahrungen auf organischem Gebiet bestimmt wurde. So wurde etwa der Begriff der Einzelkraft, der sich dort leicht aufdrängt, vielfach auf anorganisches Gebiet übertragen, und wenn er sich hier als recht unzulänglich erwies, so hat das vielfach den Eindruck hervorgerufen, als ob die anorganische Chemie verwickeltere und undefiniertere Verhältnisse zeige, die dem klaren idealen Verhalten der organischen weit unterlegen sei, in der das Prototyp musterhaften Valenzverhaltens, der Kohlenstoff, herrsche.

3. Diese Auffassung lehnen wir heute ab. Es ist historisch zwar verständlich, daß, solange die einheitliche Auffassung der Gesamtheit der Elemente nicht vorwärts kam, das Verhalten eines einzigen, das durchsichtig zu sein schien, als Vorbild galt. Dennoch kann, wenn man unbefangen abwägt, schon von vornherein gar kein Zweifel sein, wie das Gewicht der anorganischen und der organischen Argumente gegeneinander abzuschätzen ist, wenn es sich darum handelt, hinter die Natur des *allgemeinen* Verhaltens der Elementaratome zu kommen.

Berzelius kannte etwa 54 Elemente, wir nehmen heute 92 chemisch verschiedene Arten von Elementaratomen an. Jede Art von Valenzbetätigung, die man an ihnen beobachtet, ist als ein Fall für sich zu betrachten, dem dasselbe

Gewicht zukommt wie jedem anderen, und da eine Reihe von Atomen mehrerer Valenzstufen fähig ist, besitzen wir etwa zweihundert derartiger Einzelfälle, deren Zusammenhang durch die Gesetzmäßigkeiten des periodischen Systems geregelt wird. *Einer* unter diesen Hunderten von Fällen ist der des vierwertigen Kohlenstoffs, und die reiche Anwendbarkeit dieses einen Falles, für den sich viele Tausende von Beispielen finden lassen, darf uns nicht dazu verleiten, ihm ein auch nur ein wenig höheres Gewicht zuzuschreiben als irgendeinem anderen wohl bestätigten, für den man vielleicht nur einzelne Beispiele kennt. Die Begriffe, auf die uns die *ganze Mannigfaltigkeit* der Elemente führt, *die Erfahrungen der anorganischen Chemie müssen uns also bei der Forschung nach dem Wesen der Valenzbetätigung maßgebend sein.*

4. In dieser Mannigfaltigkeit tritt nun *der* Charakter beherrschend hervor, der auf elektrische Vorgänge hinweist. In gesetzmäßigen Zusammenhängen finden sich alle Abstufungen der Valenzfunktion von extremer Polarität bis zu völliger Gleichwertigkeit der Teilnehmer. *Abegg,* der als einer der ersten modernes Versuchsmaterial nach diesen Gesichtspunkten ordnete und mit aller Klarheit den universellen Charakter des polaren Verhaltens für das anorganische Gebiet erkannte, hat für diese Extreme eine sehr zweckmäßige Bezeichnung eingeführt: er nennt sie *heteropolare* und *homöopolare* Valenzbetätigung. Die heteropolare Betätigung überwiegt nicht nur der Zahl der Verbindungsstufen nach, die diesen Charakter tragen, sondern sie entspricht gerade, wie *Abegg* besonders betonte, den schärfsten Valenz*charakteren.* Von ihr an finden sich nun die verschiedensten Zwischenstufen weniger entschieden polaren Aufbaues bis herab zu solchen, bei denen er sich völlig verbirgt. Als Muster solchen homöopolaren Aufbaues

können etwa die Doppelmoleküle der Elementargase dienen, und im Zusammenhang dieser Abstufungen stellt
sich die polare Charakterlosigkeit des Kohlenstoffs als ein
nahezu singulärer Fall dar. Der gesetzmäßige Valenzverlauf
der Nachbarelemente weist ihm von beiden Seiten her
Vierwertigkeit zu — indes sollte diese Vierwertigkeit nach
Analogie der ihm vorangehenden Elemente positiv sein,
nach Analogie der folgenden negativ. Dazu kommt noch,
für eine Reihe wichtiger Anwendungen maßgebend, daß
auch die maximale Koordinationszahl, d. h. die höchste
Zahl der Atome, die sich an eines dieser Art unmittelbar
anlagern lassen, bei ihm (und seinen Nachbarn) gleich vier
ist. So kommt eine scheinbare Entschiedenheit zustande,
die eigentlich dem homöopolaren Charakter fremd ist, und
da sich dieselben äußeren Umstände nur noch einmal,
nämlich beim Silizium, aber auch nur annähernd, wiederholen, hat der Kohlenstoff eine nahezu einzige Ausnahmestellung, die ihn zwar zu ganz besonderem Reichtum an
Verbindungen und Oxydations- und Reduktionsvorgängen
von eigenartiger Leichtigkeit befähigt, ihn aber gänzlich
ungeeignet macht, zum Wesen der Valenzbetätigung den
ersten Eingang finden zu lassen. Wir dürfen freilich hoffen,
daß wir später, sobald wir erst an einfacheren Fällen
Sicherheit gewonnen haben, aus diesem Fall, in dem die
elektrischen Elementarfelder sich nach außenhin meist
völlig kompensieren, besonderen Nutzen für das Eindringen in ihre feinere Struktur ziehen werden; — zunächst aber, solange es sich überhaupt nur darum
handelt, ob die Valenzkräfte elektrischer Natur sind
oder nicht, muß dieser eigenartig komplizierte Fall
völlig zurückgestellt werden. Wir haben unsere Aufmerksamkeit zunächst auf das volle periodische System zu
richten.

5. Erwägt man diese Sachlage, so erscheint es erstaunlich, daß um so weniger Ausnahmen willen, die zudem nur die Extremfälle einer Stufenleiter unbezweifelbarer Polarität sind, die Berzeliussche Theorie sich nicht zu behaupten vermochte. Hieran war zunächst der historische Umstand schuld, daß bald die Kohlenstoffchemie, in der sich nirgends elektrochemische Erscheinungen als wesentlich aufdrängten, vorwiegend die Kräfte in Anspruch nahm. Vor allem aber war damals für dies Gebiet und ebenso für alle anderen homöopolaren Verbindungen, der Gedanke elektrischer Valenzkräfte nicht etwa bloß nichtssagend, sondern es erschien geradezu als hoffnungslos, etwas damit anzufangen. Wollte man etwa H_2 ähnlich auffassen, wie es sich für KCl von selbst aufdrängte, so mußte man den beiden H-Atomen entgegengesetzte Ladungen zuschreiben, um sie aneinander haften zu lassen. Hierfür war im chemischen Verhalten nicht das mindeste Indizium aufzufinden, und selbst als schließlich die Theorie der elektrolytischen Dissoziation die Ladung, die die Elementaratome annehmen, mit größter Schärfe erkennen und messen ließ, mußte sie alle diese schon vorher als symmetrisch aufgebaut erkannten Körper beiseite stehen lassen und bestätigte so, daß ihre Teilnehmer polar nicht zu unterscheiden sind. Es war also sicher verkehrt, ihnen entgegengesetzte Ladungen zuzuschreiben. *Berzelius* war hier in vielem ohne Zweifel zu weit gegangen. Wie wollte man aber die Bindungskräfte zwischen homöopolaren Atomen elektrisch verstehen, wenn man sie nicht entgegengesetzt aufladen durfte? — Die Hilflosigkeit der elektrischen Theorie diesen Fällen gegenüber, an der sich andauernd nichts änderte, war der Grund, daß man — nach einer Zeit, in der sie dominiert und sich als ordnendes Prinzip glänzend bewährt hatte — ins andere Extrem verfiel und sie gänzlich verwarf.

6. Als *Helmholtz* in seiner berühmten Gedächtnisvorlesung auf *Faraday* die elektrische Valenztheorie aus dem Schlaf eines halben Jahrhunderts wieder erweckte, schuf er auch den Begriff, der dies Problem lösen sollte: den Begriff des elektrischen Bausteins, der klein ist gegen das Atom selbst, den Begriff des *Elektrons*. Er erkannte die Existenz einer elementaren Elektrizitätsmenge bekanntlich aus dem 2. Faradayschen Gesetz, das er so deutete, daß an jeder Valenzeinheit ein elektrisches Elementarquantum auftrete. Nachdem in den neunziger Jahren das Elektron frei beobachtet und festgestellt war, daß seine Masse nur ein kleiner Bruchteil — etwa $^1/_{2000}$ — des niedrigsten Atomgewichtes sei, und nachdem man — besonders klar im Zeemaneffekt — erkannt hatte, daß es auch innerhalb des Atoms als Einheit existiert und dieselben Eigenschaften hat, die man frei an ihm beobachtet, ging man sofort daran, sich die Möglichkeit eines Aufbaus des Atoms aus solchen Einheiten klarzumachen und richtete dabei seine Aufmerksamkeit vor allem mit auf die Valenzeigenschaften.

Die prinzipielle Wichtigkeit, die der Begriff des Elektrons gerade für das Problem der homöopolaren elektrischen Bindung hat, liegt darin, daß die elektrischen Kräfte nun nicht mehr notwendig vom Atom als *Ganzem* ausgehend gedacht werden müssen. Die *einzelnen Bausteine* üben bereits bindende Kräfte aufeinander aus, und so ergibt sich die Möglichkeit, daß die Bausteine zweier Atome einander fesseln und so die ganzen Atome zusammenhalten, ohne daß sie die Atome verlassen und damit aufgeladen hätten, oder daß einige Bausteine, symmetrisch angeordnet, eine bindende Brücke zwischen den Atomen bilden. Der allmähliche Übergang von hier zu den nach außen hin polar erscheinenden, in denen also Bausteine entschieden von einem Atom zum anderen übergetreten sind und die

Atome als Ganzes als aufgeladen gelten dürfen, bietet sich weiter mit aller Natürlichkeit.

Als Beispiel führen wir den ersten bestimmten Vorschlag für ein homöopolares Modell, das H_2-Molekül von *Bohr*, an. Nach ihm verbindet hier ein System von zwei Elektronen, die um die Verbindungsachse der Atome kreisen, die positiv zurückgebliebenen Atommassen. Hier ist also ein vollkommen symmetrisches und doch rein elektrisch zusammengehaltenes Modell, und es ist ohne weiteres zu erkennen, daß derartige symmetrische Brücken aus den verschiedensten Elektronenzahlen denkbar und so verschiedene Arten homöopolarer Bindungen darstellbar sind.

Bevor wir indes auf dies neueste Modell und was es an Gedanken über die Valenzkräfte anregt, näher eingehen, betrachten wir einige wesentliche Züge aus der Entwicklung der oben erwähnten, mit der Einführung des Elektronenbegriffs einsetzenden Versuche, Atombau und Valenzeigenschaften mit Hilfe von elektrischen Elementarquanten darzustellen.

7. *Statische Modelle.* Da es von vornherein am nächsten liegt, anzunehmen, daß im normalen ruhenden Atom die Elektrizitätsmengen in Ruhe verharren müßten, sind die ersten genauer durchgearbeiteten Modelle sämtlich statisch. Da die Ladung der einzelnen Elektronen negativ ist, muß im Atom ein Quantum positiver Elektrizität vorhanden sein, das die Gesamtladung der Elektronen gerade kompensiert und so das Atom als Ganzes neutral erscheinen läßt. Demnach lag es am nächsten, für das Atominnere eine Konfiguration dieser elektrischen Ladungen entwerfen zu wollen, in der die beweglichen Teile, die Elektronen, Gleichgewichtslagen finden, in denen sie ruhen. Hier besteht aber eine große prinzipielle Schwierigkeit, bei der wir einen Augenblick verweilen wollen, da sie für die Möglichkeit

statischer Modelle ausschlaggebend ist und auch heute noch nicht immer nach ihrem vollen Gewicht bedacht wird.

Es ist nämlich nicht möglich, ein System positiver und negativer Punktladungen anzugeben, das ruhend im Gleichgewicht ist. Um dies zu erkennen, fragen wir uns, welcher Art ein elektrisches Feld sein müßte, in dem ein Elektron in stabilem Gleichgewicht liegen könnte. Hierzu ist nötig, daß jede Verrückung des Elektrons eine Kraft auf das Elektron entstehen läßt, die es in die ursprüngliche Lage zurückzuführen strebt. Ruht also das Elektron in

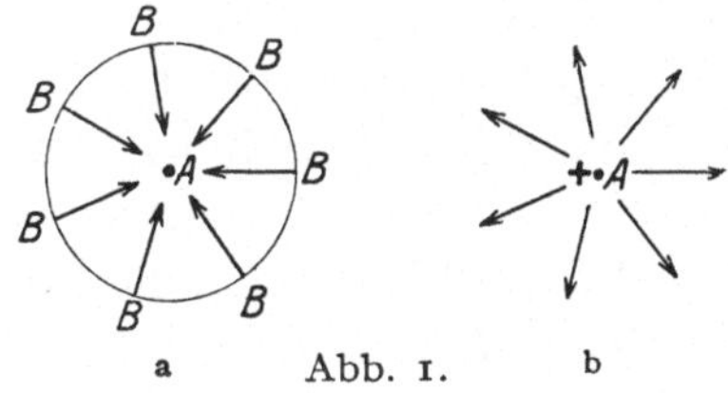

a   Abb. 1.   b

einem Punkt A, so müssen auf allen Wegen, die das Elektron nehmen kann, um von A zu entwischen, Punkte BBB liegen, in denen elektrische Feldkräfte herrschen, die es in der Richtung auf A hin zu bewegen streben. Bezeichnen wir die Kräfte, die das Elektron an einem Punkt erfährt, durch Pfeile, so ist das Bild in einer Ebene das von der ersten Abbildung (1a) angezeigte. Auf einen *positiven* Probekörper hingegen würden also in BB ... überall *auswärts* treibende Kräfte ausgeübt werden, und da die Kraft auf einen solchen die Dichte und Richtung der elektrischen Kraftlinien angibt, bemerken wir, daß von A, wenn es die stabile Ruhelage eines Elektrons bilden soll, nach *allen* Richtungen elektrische Kraftlinien ausgehen müssen (1b). Das ist aber nur möglich, wenn in A selbst eine positive Ladung liegt. Im ladungs*freien* Raum können Kraftlinien nicht entstehen oder verschwinden, ihre Quelle ist stets eine Ladung.

So findet man mitunter die Annahme, ein Elektron könne etwa mitten zwischen zwei gleichen positiven Ladungen im Gleichgewicht liegen. Hier würde allerdings jede Bewegung von ihrer Verbindungslinie weg eine Kraft erwecken, die das Elektron zurücktreibt, für solche Querverrückungen ist die Ruhelage stabil. Jede Bewegung *auf* der Verbindungslinie aber muß das Elektron sofort vollends in das Kraftfeld derjenigen positiven Ladung stürzen lassen, der es sich genähert hat. Hier ist das Gleichgewicht also labil. Jeder derartige Fall, in dem an der angenommenen Ruhelage keine Ladung liegt, unterliegt eben dem besprochenen Gesetz (dessen mathematische Formulierung bekanntlich die Laplacesche Gleichung heißt), daß Kraftlinien, die in bestimmten Richtungen von dieser Ruhelage fortgehen — und also das Elektron in die Ruhelage zurücktreiben —, von anderen Richtungen her an den betrachteten Punkt eingetreten sein müssen — und also ein Elektron, das sich in einer *dieser* Richtungen bewegt, von der angenommenen Ruhelage *weiter* wegziehen.

Da auch eine beliebige Superposition von Feldern an dieser Grundeigenschaft der Quellenfreiheit, die durch die Laplacesche Gleichung ausgedrückt wird, nichts ändert, kann ein Elektron ganz allgemein — einerlei, ob in seiner Lage am Atom oder an der Valenzstelle eines fremden — *nur da in stabiler Ruhelage sein, wo eine positive Ladung liegt.*

8. Demnach steht man, wenn man ein ruhendes Modell entwerfen will, vor der Alternative, entweder die rein elektrostatische Natur des Modells aufzugeben, oder die positive Ladung so aufgebaut zu denken, daß sich das Elektron in ihr aufhalten kann, d. h. sie nicht als punktförmige Ladung zu denken, sondern als einen Nebel positiver Ladungsdichte. Den ersten dieser Wege hat *J. Stark* ver-

folgt, den zweiten, auf den zuerst *W. Thomson* hinwies, *J. J. Thomson.*

J. Stark hat angenommen, daß es Kräfte von uns noch unbekannter Natur gibt, die an den Elektronen angreifen und in Wechselwirkung mit den elektrischen Kräften stabile Gleichgewichtslagen entstehen lassen können. Die außerordentlich lebendige Gestaltung, die er seinen, vielfach ins einzelne ausgeführten Anschauungen zu geben vermochte, hat viel dazu beigetragen, den Gedanken, durch Elektronen Valenz-Kraft-Systeme darzustellen, bekannt und anschaulich zu machen. Systeme unbekannter Kräfte, mit denen man nach Willkür verfahren kann, lassen sich naturgemäß in jedem Einzelfall dem Bedürfnis adaptieren, und so kann man, wenn man um die Stabilität der Ladungen keine Sorge zu tragen braucht, immer Ladungsanordnungen erdenken, die eine Anschauung von den Valenzkräften und den elektrischen und optischen Eigenschaften eines Moleküls geben. Indes fehlt allem diesen das Quantitative und der Zwang gesetzmäßiger Zusammenhänge, der sich doch im periodischen System so unmittelbar als wesentlich aufdrängt.

J. J. Thomsons konkretere Vorstellung, die er insbesondere für den Spezialfall studierte, daß die Dichte der positiven Ladung im Atom *konstant* ist, ergibt demgegenüber bestimmte Folgerungen über das Gleichgewicht der Elektronen und ihre Ablösbarkeit. Dies Modell besitzt bereits bemerkenswerte Analogien mit der Erfahrung. Indes ist die dafür wesentliche Annahme der *positiven Raumladung,* in der die Elektronen schwimmen, durch eine Entdeckung von *Rutherford* vollkommen unmöglich geworden.

Rutherford wies nämlich nach, daß α-Teilchen, die ein Atom durchfliegen, dabei mitunter von Kräften angegriffen werden, die so stark sind, daß sie weder von einem einzelnen Elektron noch von einer positiven Raumladung herrühren können. Sie lassen sich aber mit aller Genauigkeit durch die Annahme wiedergeben, die gesamte *positive Ladung* des Atoms sei in *einem Punkt vereint*. Die Größe dieser positiven Ladung erwies sich nämlich gerade so groß, wie die negative aller Elektronen zusammen, von denen man bereits aus den Tatsachen der Röntgenstrahlenstreuung geschlossen hatte, daß ihre Zahl etwa gleich dem halben Atomgewicht sei. Man muß also unweigerlich *diskrete* Ladungen annehmen, und will man verhüten, daß ein solches System entgegengesetzter, einander anziehender Ladungen in einem Punkt zusammensinkt und so als neutraler, unangreifbarer Punkt für die gewohnten Wirkungen der Außenwelt verschwindet, so bleibt nichts übrig, als das statische Modell zu verlassen und, wie bei den kosmischen Systemen einander anziehender Massen, durch eine ständige Fliehkraft der Vereinigung entgegenzuwirken.

9. Man kommt so zum *dynamischen* Modell. *Rutherford* stellte sich sofort speziell ein Planetensystem vor, in dem die Sonne der positive Punkt ist, der die volle Masse des Atoms enthält und von den Elektronen als Planeten umkreist wird.

Nun ist, da die physikalischen und chemischen Eigenschaften jeder Atomsorte *bestimmt* und, wie wir etwa an der Schärfe der Spektrallinien erkennen, für jedes einzelne Atom einer Art mit großer Genauigkeit *dieselben* sind, jeder Atomart jedenfalls ein ganz *bestimmter* Aufbau zuzuschreiben. Die *Zahl* der Elektronen ist, wie erwähnt, etwa gleich dem halben Atomgewicht oder, wie wir heute nach *v. d. Broek* genauer annehmen, gleich der Nummer des Elements im periodischen System. H ist also das Atom

mit einem Elektron, He das mit 2, Li das mit 3 Elektronen ...,
bis hinauf zu Uran, das 92 Elektronen enthält. Außer der
gesamten *Zahl* muß aber auch die *Bahn* jedes Elektrons
als Planet eine ganz bestimmte sein. Hier fehlt es zunächst
an einem bestimmenden Prinzip, denn die Elektrostatik
verlangt, da ihr *Coulomb*sches Gesetz von gleicher Form
ist, wie das *Newton*sche der Gravitation, nur allgemein,
daß die Bahnen *Kepler*sche Ellipsen sein müssen, modi-
fiziert durch die Störungen der Planeten untereinander.
Danach könnten sich die Eigenschaften von Atomen, die
gleichviel Elektronen enthalten, also zum selben Element
gehören, noch aufs weiteste voneinander unterscheiden.
Ja, die klassische Elektrodynamik erlaubt sogar nicht einmal, daß bestimmte Bahnen *bestehen* bleiben, denn ein
Elektron, das einen positiven Punkt umkreist, ist ein elektrischer Oszillator, der die in ihm enthaltene Energie allmählich ausstrahlt. Während ein materielles Planetensystem vollkommen stationär ist, muß in einem elektrischen der Planet seine kinetische Energie mehr und mehr
verlieren, sich mehr und mehr der Sonne nähern und
schließlich in sie hineinstürzen. Man ist also auf das dy-
namische Modell verwiesen, weil es das einzige ist, das mit
den gegebenen Bestandteilen stabiles Gleichgewicht verspricht, aber man versteht nicht, wie es haltbar sein kann.

10. Den Gedanken, der diese Spannung löste und damit
das *Rutherford*sche Modell zum leistungsfähigsten aller
bisher erdachten erhob, brachte *N. Bohr*. *Planck* hatte
erkannt, daß unsere Erfahrungen über die Wärmestrahlung notwendig in dem Gebiet der raschen elektrischen Schwingungen, zu denen Atome fähig sind, Abweichungen von der klassischen, an langsamen Vorgängen
entwickelten Elektrodynamik erfordern. *Bohr* übertrug
diese Erkenntnis in origineller Weise so auf das eben

betrachtete Problem, daß die Frage der bestimmten und haltbaren Elektronenbahnen und die Eigentümlichkeiten der Wärmestrahlung durch *eine* Annahme gelöst erscheinen. Er nahm an, die notwendige Abweichung von der gewohnten Elektrodynamik bestehe darin, daß bestimmte Elektronenbahnen (nämlich solche, in denen das Moment der Bewegungsgröße ein ganzzahliges Vielfaches des „Wirkungsquantums" h ist, das *Planck* aus den Gesetzen der Wärmestrahlung herausgeschält hatte) *nicht* strahlen, also stationär erhalten bleiben. So dunkel die Einfügung der Quantenvorgänge in die gewohnten Gesetze noch ist, so unbestreitbar ist ihre Notwendigkeit und so glänzend ist der Erfolg gerade dieses Versuchs. Er hat insbesondere die Grundgesetze der Linienspektren — der eigentümlichen Emissionsweise des einzelnen Elementaratoms, die sich bisher der Theorie völlig unzugänglich erwies — für das ganze Gebiet von Schwingungszahlen, deren das Atom fähig zu sein scheint, vom Ultrarot bis zu den Röntgenlinien, mit einer natürlichen Leichtigkeit und Schärfe ergeben, die das größte Zutrauen erweckt. Es kann kein Zweifel mehr sein, daß das Wirkungsquantum nicht nur die *Vorgänge* am Atom, seinen Energieaustausch, beherrscht, sondern auch geradezu das dimensionierende Prinzip des *Atombaus* ist.

11. Wir wenden uns nun wieder speziell der Frage zu, was die Vorstellungen, zu denen dies Modell anregt, für die Behandlung der Valenzkräfte·zu leisten vermögen. — Wir haben schon oben skizziert, wie *Bohr* die homöopolare Bindung des Wasserstoffmoleküls darstellt, und fügen noch hinzu, daß die quantitative Festlegung der Abstände und Bahngrößen durch den Quantenansatz diesem Molekülmodell Eigenschaften zuschreibt, die mit den beobachteten vielfach übereinstimmen. Daß dabei dennoch Ab-

weichungen und Bedenken im einzelnen bestehen, braucht uns hier nicht zu beschäftigen, denn sie berühren nicht die Möglichkeit, auf die es uns ankommt, ein symmetrisches Gebilde, das nach außen keinerlei Polarität zeigt, aufzubauen. — Die nähere Untersuchung des Valenzverhaltens, und zwar gerade auch des entschieden polaren des Elektronenaustauschs, ist aber auch für die Weiterentwicklung des Modells selbst von Wichtigkeit, denn die Neigung zur Elektronenaufnahme und -abgabe muß auf die Stabilität und den Bau der Atome, mindestens ihrer äußeren Teile, schließen lassen. Den Elektronenaufbau solcher Atome, die *mehrere* Elektronen enthalten, klarzustellen, die Wechselwirkung der Elektronen zu begreifen, in der vielleicht noch Prinzipielles steckt, ist heute eine der dringendsten Aufgaben des Modells, von deren Lösung sich zwar wohl einige Grundzüge schon abzeichnen, die aber noch nirgends mit voller Bestimmtheit gelungen ist, für die man sich also aller Indizien versichern muß, die zu haben sind.

Da das Modell jedenfalls anzunehmen hat, daß die Elektronen eines Atoms stets in regelmäßigen Anordnungen, in denen sie sich das Gleichgewicht halten, ihre Bahnen beschreiben, und da ihre stete Bewegung nach außen hin so wirken muß, als verteile sich ihre Ladung gleichförmig über ihre Bahn, so muß das ganze *Bohr*sche Atom nach außen hin als ein sehr symmetrisches Gebilde wirken, dessen Wirkungen, wenn es Elektronen aufgenommen oder abgegeben hat, in erster Linie von der gesamten Ladung bestimmt werden, die es damit als Ganzes erhielt. Man muß also die Wirkung solcher Ladungsaufnahmen bereits mit hoher Annäherung unter der Annahme untersuchen können, daß die Ladungen völlig isotrop verteilt sind, d. h. daß die resultierende Ladung in den Mittelpunkt fällt.

Eine solche Annahme stellt also eine besonders einfache elektrostatische Valenztheorie der heteropolaren Verbindungen dar, an deren Prüfung deswegen gelegen ist, weil sie, wie wir eben zeigten, gerade das brauchbarste aller bisher gegebenen Atommodelle, das allen anderen an Leistungen weit voransteht, mit umfaßt.

Hier soll ihre Anwendung nur an einigen der wichtigsten Fälle, einigen der geläufigsten Verbindungsarten, erläutert werden.

Der Vorgang der Bindung von Atomen, die einzeln gegeben sind, zu einer polaren Verbindung ist danach in zwei Stufen zu betrachten: die erste ist der Elektronenaustausch, der sie auflädt, die zweite die Aneinanderlagerung der Ionen und die für die verschiedenen Arten, sie zu trennen, notwendige Arbeit, von der die Eigenschaften der Verbindung bestimmt werden.

12. Wir betrachten zunächst die Bedeutung des regelmäßigen Verlaufs der polaren Valenzbetätigung im periodischen System. In einem rechtwinkligen Koordinatensystem tragen wir (Abb. 2) als Abszisse die Nummer des Elements auf, als Ordinate die Zahl von Elektronen, die es enthält. Für den neutralen Zustand ist diese Zahl, wie wir eben sagten, der Nummer des Elements gleich. Der Gesamtverlauf des Elektronengehalts wird also durch eine unter $45°$ ansteigende Gerade dargestellt. Dieser Normalzustand jedes Elementaratoms ist jeweils durch ein leeres Kreischen dargestellt.

Betrachten wir nun ein Element, bei dem wir in der Elektrolyse direkt beobachten können, welche Ladung es bei seiner Valenzbetätigung annimmt, etwa das Kalium. Wir wissen, daß es dort mit einer positiven Ladung von einer elementaren Einheit auftritt; das Kaliumion hat also eins von den Elektronen verloren, die das Kaliumatom besitzt. Wir bezeichnen Richtung und Größe dieser charakteristischen Valenzbetätigung in unserer Figur dadurch, daß wir vom Normalzustand einen Pfeil abwärts zeichnen

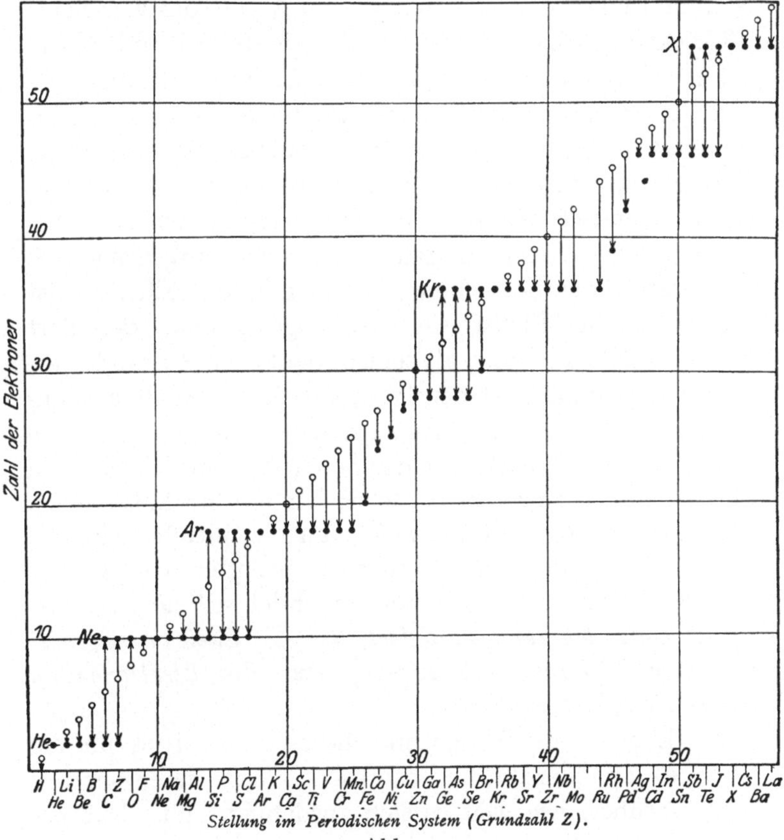

Abb. 2.

und den Elektronengehalt des Kaliumions mit einem schwarzen Punkt bezeichnen. Das K-Atom enthält 19, das K^+-Ion 18 Elektronen. In gleicher Weise ermitteln wir den Elektronengehalt des folgenden Elements, des Ca, als Ion; das Ca-Atom enthält 20 Elektronen, erscheint in der Elektrolyse als zweiwertiges Kation, wir haben also den Gehalt für das Ion zwei Einheiten niedriger als den für das Atom, auf 18, einzuzeichnen. Gehen wir vom Kalium rückwärts, so stoßen wir auf Argon, das von Natur 18 Elektronen hat — also so viele, wie die beiden betrachteten Elemente in ihrer Valenzbetätigung annehmen — und das *chemisch vollkommen inaktiv ist*, also gar keine Neigung zeigt, von diesem Elektronengehalt abzugehen. Wieder um einen Schritt zurück treffen wir das Cl, das elektrochemisch wieder einen ganz ausgesprochenen Charakter hat. Dieser Charakter ist aber entgegengesetzt dem der früher betrachteten Elemente, das Element ist negativ, in der Elektrolyse einwertiges Anion, trägt dort also ein Elektron *mehr*, als seinem neutralen Zustande entspricht. Demnach ist der Pfeil, der dies Verhalten kennzeichnet, nunmehr aufwärts zu zeichnen und, da das Atom 17 Elektronen enthält, für das Ion wieder ein Gehalt von 18 Elektronen anzugeben. Gehen wir nun nochmals einen Schritt zurück, zum Schwefel, und ermitteln wir den Elektronengehalt des S^{--}-Ions, so erhalten wir wiederum 18. Fassen wir zusammen, so findet sich, *daß die Elemente stark polaren Charakters, die ein Edelgas umgeben, in ihrer Elektrovalenzbetätigung stets die Elektronenzahl dieses Edelgases erreichen.*

13. Ehe wir die Bedeutung dieses Ergebnisses für die Theorie der Valenzkräfte untersuchen, orientieren wir uns noch darüber, wie weit es sich ausdehnen läßt. Daß die übrigen im periodischen System jeweils in der Nähe eines Edelgases stehenden Elemente sich ebenso verhalten, wie die hier betrachtete Gruppe, erkennen wir ohne weiteres daraus, daß gerade hier die Elemente analoger Stellung, etwa die Alkalien, in der Elektrovalenz völlig übereinstimmen. Ebenso wie für die Elemente um Argon, gilt der

Satz also etwa für die von Sauerstoff bis Magnesium, die den Zustand des Neons anstreben, indem sie jeweils einen Gehalt von 10 annehmen. Hier deutet sich nun schon an einem geläufigen Beispiel an, daß das Gesetz noch weiter auszudehnen ist, das auf Mg folgende 13. Element Al ist als Kation dreiwertig, verliert also drei Elektronen, geht ebenfalls auf die Zahl des Neons zurück. Indes wird die *Beobachtung* dieses Falles schon durch Hydrolyse schwieriger gemacht, und beim folgenden Element, Si, hat die Bildung *wahrnehmbarer* Mengen freier elementarer Kationen wiederum aufgehört.

Während so die unmittelbare Beobachtbarkeit der Elektrovalenz untergeht, setzen die maximalen Hauptvalenz-Wertigkeitsstufen das gesetzmäßige Ansteigen von Element zu Element, das bei den Alkalimetallen einsetzt und mit der Elektrovalenz übereinstimmt, hier bekanntlich noch weiter.fort; für diese kommt etwa als ganze Reihe folgendes zustande·

die Halogenide: $NaCl$ $MgCl_2$ $AlCl_3$ $SiCl_4$ PCl_5 SF_6 —
die Oxyde: $\quad$ Na_2O MgO $\quad$ Al_2O_3 SiO_2 P_2O_5 SO_3 Cl_2O_7 .

Wir nehmen nun an, daß alle Glieder dieser in sich zusammenhängenden Reihe gleicher Art sind, daß also die polare Konstitution, die sich in den ersten Gliedern durch Ionenbildung klar verrät, ihnen allen zukommt — eine Annahme, die uns freilich dazu verpflichtet, später zu begründen, warum die höherwertigen Mitglieder in Wasser weniger und weniger als freie Ionen auftreten. Es soll also *jedes* Halogenatom in diesen Verbindungen ein fremdes Elektron, jedes Sauerstoffatom zwei aufgenommen haben. Diese Elektronen muß jeweils der positive Teilnehmer der Verbindung hergegeben haben; ebenso wie die ersten Glieder der Reihe die Ionen Na^+, Mg^{++}, Al^{+++} abgeben, sollen die folgenden die Ionen Si^{++++}, P^{+++++}, S^{++++++}

und $Cl^{+++++++}$ in sich enthalten. Tragen wir diese Elektronenabgabe auf unsere Tafel ein, so zeigt sich, daß auch diese Elemente in ihrer Valenzfunktion vom Beispiel des Neons beherrscht werden.

Man erkennt ohne weiteres, daß man in ganz analoger Schlußweise die Reihe der negativen Ionenbildner vor dem Edelgas bis zum vierwertigen Kohlenstoff auszudehnen hat, indem man etwa von den ionenbildenden Wasserstoffverbindungen HF, H_2O zu den gesetzmäßig anschließenden NH_3, CH_4 fortgeht. Die von Neon beherrschte Reihe erstreckt sich demnach von C bis Cl, d. h. über 12 Elemente. Analog beherrscht das Argon die maximalen Valenzfunktionen vom Silicium bis zum Mangan, das Krypton von Germanium bis zum positiv 8-wertigen Ruthenium (RuO_4), d. h. sogar einen Bereich von 13 Stellen. Analoges gilt für Xenon und die Emanationen.

Die Zeichnung, die die maximalen Valenzfunktionen der Elemente bis zum Lanthan in der eben entwickelten Weise darstellt, läßt erkennen, daß neben den Elektronenzahlen der Edelgase noch andere als stabil hervortreten — sie geben zu den sogenannten „Nebenreihen" des periodischen Systems Anlaß (auf die wir im zweiten Aufsatz (§ 6) zurückkommen) —, daß indes allein die Edelgasformen so ausgezeichnet stabil sind, daß sie zur *Aufnahme* von Elektronen, d. h. zu negativer Funktion, Anlaß geben. Wir beschränken uns hier in unseren Beispielen auf diesen hervortretendsten Fall.

14. Wir haben also die — auf den ersten Blick etwas erstaunliche — Tatsache, daß eine große Reihe von Elementen und unter ihnen vor allem die chemisch aktivsten, wie Alkalien und Halogene, um sich bindend zu betätigen, zunächst eine Form annehmen, die sie den trägsten aller Elemente möglichst ähnlich macht.

Damit ist einerseits für das Modell eine Angabe über Elektronenstabilität gewonnen, derart, wie wir sie oben als wünschenswert bezeichneten. Offenbar ist die Elektronenkonfiguration dieser Elemente, die die erstrebenswerte Elektronenzahl schon von selbst besitzen und sich darum in keiner Weise darauf einlassen, sie zu verändern, von besonders hoher Stabilität. Diese Eigentümlichkeit der ausgezeichneten Elektronenzahlen abzuleiten, ist eine Aufgabe, die zur Ausbildung des speziellen Atommodells gehört. Indes genügt die Tatsache, um weiter Wesentliches für die Valenzkräfte zu entwickeln.

Andererseits wird nämlich der Betrachtung der bindenden Kräfte durch dies Ergebnis die größte Einfachheit auferlegt. Es geht nicht mehr an, etwa bei den verschiedenen Mitgliedern einer solchen von *einem* Prototyp beherrschten Reihe, wie die angeführte von C bis Cl, in den einander entsprechenden Verbindungen, in denen sie das verschiedenartigste Bindevermögen äußern, wesentlich verschiedene Elektronenanordnungen vorauszusetzen. Alle besitzen *dieselbe* Elektronenzahl, in einer Weise angeordnet, die besonders stabil ist, also vermutlich in allen diesen Fällen übereinstimmt. Zudem ist das Vorbild der erstrebten Elektronenanordnung nicht etwa ein besonders bindungsfähiges Element, sondern ein Edelgas, d. h. ein Atom, das seinerseits keine bindenden Kräfte ausübt, dessen Elektronenkonfiguration deshalb von vornherein als isotrop und abgeschlossen zu gelten hat. Diese Elektronenanordnung des Edelgases und der nach ihm gebildeten Ionen ist auf jeden Fall maßgebend für die *Abstoßungen,* die die Atome aufeinander ausüben, wenn man sie einander stark nähert. Diese Abstoßungen der einander nahekommenden Teile der äußeren Elektronenwolken der Atome definieren die undurchdringliche Oberfläche des

Atoms. Diese scheinbare Atomoberfläche, die der Wirkung der anziehenden Kräfte ein Ziel setzt, kann demnach ebenfalls keine besonders unregelmäßige Gestalt haben. Für das Folgende kann sie mit ausreichender Annäherung durch eine Kugelfläche wiedergegeben werden.

Es bleibt demnach nur übrig, für das gesetzmäßig sich ändernde Bindevermögen die gesetzmäßig sich *ändernde* Kernladung verantwortlich zu machen, die zusammen mit der *gleich*bleibenden Zahl der Elektronen den Atomen eine gesetzmäßig sich ändernde *Gesamtladung* verleiht. Auf diese Gesamtladung ist die gesamte Fähigkeit, heteropolare Moleküle zu bilden, zurückzuführen. Das eine Atom der Reihe, bei dem die Gesamtladung *verschwindet*, das Edelgas, äußert dementsprechend keine Neigung, Moleküle zu bilden. Kann aber die einfache Änderung der Ladung bei den übrigen die reiche Verschiedenheit hervorbringen, die sie in der Molekülbildung zeigen?

Diese Frage ist leicht zu beantworten; die Eigenschaften so einfacher Atommodelle — zentrale Ladung in undurchdringlicher Kugel — lassen sich ohne weiteres übersehen und wenn nötig rechnerisch verfolgen.

15. Zunächst fällt ins Auge, daß die Anziehungskräfte, die die im Mittelpunkt liegende Ladung um ein solches Atom entstehen läßt, völlig isotrop verteilt sind. Widerspricht das nicht dem tatsächlichen Verhalten? — Man ist gewohnt, das Valenzverhalten mittels eines Schemas von Bindestrichen darzustellen, das den Eindruck erweckt, als seien gerichtete Einzelkräfte zwischen den Atomen tätig.

In dem, was diese Valenzstriche ausdrücken können, muß man sorgfältig zwei Punkte unterscheiden. Sie drücken vor allem einen rein *zahlen*mäßigen Zusammenhang aus. Man hat die Erfahrung gemacht, daß die Atome der verschiedenen Elemente sich vorzugsweise in ganz bestimmten *Zahlen*verhältnissen miteinander zu Molekülen zusammenschließen. Jedes Atom geht hier mit einer oder der anderen charakteristischen Zahlenstufe ein. Drückt man diese „Wertigkeit" dadurch aus, daß man von dem Atomsymbol eine entsprechende Anzahl von Strichen ausgehen läßt, so läßt sich die Erfüllung der zahlenmäßigen Gesetzmäßigkeit innerhalb des Moleküls sehr bequem graphisch übersehen.

Dieser Gebrauch hat aber nun weiter zur Folge, daß diese Zahlensymbole leicht als Abbilder *einzelner Kräfte* aufgefaßt werden, die vom Atom ausgehen. Damit führt man aber etwas Neues ein, was in der grundlegenden Erfahrung, daß die Atome sich vorzugsweise in bestimmten gesetzmäßigen Anzahlen zu Molekülen zusammenfinden, noch gar nicht steckt. Diese Erfahrung weiß nur von Zahlen, nicht von Kräften. Da aber der Wunsch, Kräfte im Spiel zu sehen, naturgemäß lebhaft und gerade die Einzelkraftdarstellung sehr anschaulich ist, hat man ihre geringe Leistungsfähigkeit gerne etwas übersehen. Tatsächlich gibt es aber in der anorganischen Chemie wesentliche Gebiete, auf denen das Schema der festen Strichzahl nicht ausreicht; die Atome zeigen also häufig bindende Kräfte, die nicht zu der Zahl der als fest angenommenen Einzelkräfte gehören.

16. Die „*Komplexverbindungen*" nämlich können immer als die Aneinanderlagerungen ganzer Moleküle angesehen werden, deren Atome ihr gesamtes Bindevermögen schon innerhalb der einzelnen Moleküle erschöpft haben sollten. Das geläufigste Beispiel sind wohl die Verbindungen des *Ammoniums*. Stickstoff ist gegen Wasserstoff, wenn er ihm allein gegenübersteht, dreiwertig, bildet Ammoniak NH_3. Dieses nach dem Strichschema gesättigte Molekül bildet mit HCl, für den dasselbe gilt, den Salmiak NH_4Cl;

aus der Konstitutionsbestimmung ist zu schließen, daß
nun auch der vierte Wasserstoff unmittelbar am N hängt:

$$\begin{bmatrix} H & & H \\ & N & \\ H & & H \end{bmatrix} Cl$$

und diese Bindung ist so fest und ausgesprochen, daß der
Teil $[NH_4]^+$ sowohl in der Elektrolyse als einheitliches
Kation auftritt, als auch in einer wohlausgebildeten Reihe
von Verbindungen als „Ammonium“ die Rolle einer Einheit von der Funktion eines Metalls spielt. Sie versetzt aber
die Einzelkrafttheorie in vollkommene Hilflosigkeit —
gerade an diesem klassischen Beispiel ist alles versucht
worden, was nur möglich schien, um mit ihr eine passende
Konstitution zu erhalten —, im Erfolg muß man dabei
bleiben, wenn man schon mit Einzelkräften operieren will,
die Erweckung einer neuen besonderen Einzelkraft anzunehmen, die man etwa durch einen punktierten Strich
andeutet:

$$N \begin{matrix} H \\ H \\ H \\ H—Cl \end{matrix}$$

Diesem neuen Bindevermögen des N, das man als
„Nebenvalenz“äußerung von der „Hauptvalenz“ 3 unterscheidet, ist es eigentümlich, daß es nicht auf weitere Einzelatome wirkt, sondern nur *Teilnehmer anderer Moleküle*
faßt. Auf diese Bedingung deutete der Name „Molekül-
verbindungen“ hin, der mit dem Gedanken verbunden war,
daß ganze Moleküle ebenso spezifische Valenzkräfte be-
säßen, wie einzelne Atome. Der heute gebräuchlichere
Name „Komplexverbindungen“ betont mehr die inzwischen
erkannte typische Tatsache, daß das eine Molekül jeweils
einen Teil der Atome des anderen in eine enger verbundene

Gruppe, den *Komplex*, hineinzunehmen pflegt, der als Ganzes, etwa als Ion, agiert — wie hier $(NH_4)^+$.

Diese Art der Bindung ist nicht auf einzelne Atomarten beschränkt: statt am H, kann man den HCl auch am Cl an ein fremdes Molekül anlagern: er bildet etwa

$$HCl + AuCl_3 = H[AuCl_4]$$

(ein polares Spiegelbild des Salmiaks) und

$$2\,HCl + PtCl_4 = H_2[PtCl_6],$$

Körper, in denen nun $(AuCl_4)^-$ und $(PtCl_6)^{--}$ als Ganzes (als Komplex) fungieren, von dem H^+-Ionen abfallen, die also Säuren sind. Ihrem Verhalten nach sind diese Säuren enge Analoga der Sauerstoffsäuren — etwa $H_2[SO_4]$ —, die sich nach dem strengen Einzelvalenzschema schreiben lassen. Dem tatsächlichen Aufbau nach spielen Halogenatome die Rolle, die dort der Sauerstoff hat, die Einzelvalenzauffassung vermag diese Rolle aber nur beim zweiwertigen Element wiederzugeben:

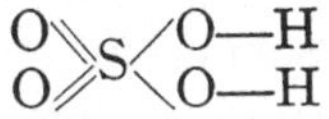

$$O\!\!\diagdown_{\!\!O}\!\diagup\!S\!\diagdown_{\!\!O-H}^{O-H}$$

beim einwertigen versagt sie:

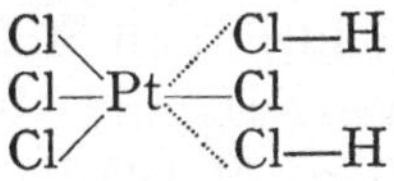

$$\begin{matrix} Cl & & Cl-H \\ Cl- & Pt & -Cl \\ Cl & & Cl-H \end{matrix}$$

Durch die weite Verbreitung dieser Art von Bindungsvermögen unter den Elementen im ganzen periodischen System wird man aufs deutlichste darauf hingewiesen, daß man mit einer Deutung der Zahlengesetze der Valenz durch Einzelkräfte in die Irre gehen würde. Die Zahlengesetze sind vorhanden, aber sie beschränken das Bindevermögen nicht in dem Umfange, wie es ihre Deutung durch Einzelkräfte nötig machen würde. Es ist nötig, das Bindevermögen ganz unbefangen von solchen Vorstellungen zu betrachten, und es ist von *A. Werner*, dem wir für die Klärung der Komplexverbindungen außerordentlich viel verdanken, besonders betont worden, daß das chemische Verhalten viel mehr auf ein nach allen Seiten gleichmäßig verteiltes Anziehungsvermögen der Atome hinweist, als auf gerichtete Einzelkräfte.

17. Damit sind wir aber wieder bei den Eigenschaften des Modells angelangt. Seine Eigenschaften in den eben besprochenen Punkten sind vollständig definiert.

Zunächst ist jedem in einer polaren Verbindung tätigen Atom eine *Zahlen*größe eigentümlich, nämlich die Höhe der Ladung, die es angenommen hat und die (nach dem 2. Faradayschen Gesetz) mit seiner Hauptvalenzzahl übereinstimmt. Die Rolle, die diese Zahl, als „Hauptvalenzzahl", für das Bindevermögen zu spielen scheint, erklärt sich daraus, daß zur Bildung eines neutralen Moleküls jeweils die Ladungen beiderlei Vorzeichens in gleichen Beträgen vorhanden sein müssen, so daß positive und negative „Valenzen" sich scheinbar gegenseitig „absättigen". Ist nur dies (die Neutralität zu verbürgen) der Sinn dieser Zahlen für das Bindevermögen, so können sie natürlich kein Hindernis dafür bilden, daß Moleküle, die bereits als Ganze neutral sind, wie NH_3 und HCl, sich nochmals zu einem neuen neutralen Molekül, NH_4Cl, zusammenlagern. Die Auffassung dieser Zahlengröße als Ladung leistet also genau so viel wie nötig und führt keine ungehörige Begrenzung ein. Wir betonten vorhin, daß die Hauptvalenz ihrem Ursprung nach eine rein *zahlenmäßige* Feststellung enthält, — dem entspricht es, daß sie, im 2. Faradayschen Gesetz und erweitert in unserer Vorstellung, rein den Sinn hat, die *Zahl* der aufgenommenen oder abgegebenen Elektronen anzugeben.

Die *Kräfte* hängen mit diesen Zahlengrößen nun ganz anders zusammen als in der Einzelkrafttheorie. Sie sind in ihrem Wirken nicht begrenzt — denn jedes geladene Atom, sei es auch nur einfach aufgeladen, wie die einwertigen Ionen, übt auf *jede* andere Ladung Kräfte aus. Es ist also keine Schwierigkeit mehr, wenn ein Teilnehmer eines als Ganzes neutralen Moleküls mitunter einen Teilnehmer eines anderen zu fesseln vermag. Hingegen bestimmt die Höhe der Aufladung, also die Valenzzahl, nun etwas Neues an den Kräften, worauf die bisherigen Valenztheorien kaum eingehen konnten, nämlich die *Größe* der Kraft, die ein Atom auf ein bestimmtes anderes auszuüben vermag, und die Arbeit, die nötig ist, die beiden zu trennen. Diese Arbeit bestimmt aber nach bekannten statistischen Prinzipien die Häufigkeit der Trennungen, d. h. den Dissoziationsgrad der betreffenden Bindung, und man erkennt, daß nach unseren Prinzipien etwa *die Fähigkeit einer Verbindung, Ionen zu liefern*, in ganz bestimmter Weise von *der Wertigkeit der beteiligten Atome abhängen* muß. Durchschreitet man etwa Reihen analoger Verbindungen, in denen die Wertigkeiten von Schritt zu Schritt in bestimmter Weise sich ändern, so ändern sich, da die Wertigkeiten Ladungen bezeichnen, auch die elektrostatischen Kräfte, die die an den Verbindungen teilnehmenden Atome aufeinander ausüben — der Zusammenhalt des Moleküls, etwa seine Fähigkeit, diese oder jene Ionen abzugeben, ändert sich gesetzmäßig.

Die elektrostatische Auffassung ordnet also ihre Begriffe vielfach anders als die Einzelkrafttheorie. Sie ist nicht etwa unbestimmter als diese, wie es zunächst scheinen könnte, sondern gerade in dem, was sie neu behandelt, der Betrachtung der Kräfte, völlig festgelegt. Die Einfachheit des Atommodells, mit dem man zunächst an die ent-

schieden polaren Verbindungen herangehen darf, ergibt
in Verbindung mit den Gesetzen der Elektrostatik ganz
bestimmte Aussagen, und der Zwang, diese Gesetze
unverbrüchlich zu befolgen — der naturgemäß *jede* Anwendung einer bestimmten physikalischen Theorie aus-
zeichnet —, führt zu bestimmter Prüfung an der Erfahrung.
Wir greifen hiervon die Behandlung zweier allgemein
bekannter und wichtiger Verbindungsklassen heraus: der
Komplexverbindungen und der Hydroxyde als Basen und
Säuren.

18. Für die *Komplexverbindungen* ist, wie erwähnt,
charakteristisch, daß die Teilnehmer eines valenzchemisch
gesättigten Moleküls noch Kräfte auf Teilnehmer eines
anderen ausüben, obwohl sie keine weiteren Einzelatome
sich anzugliedern vermögen. Nach der Annahme, daß die
Teilnehmer polarer Moleküle Ionen sind, ist dies selbst-
verständlich, denn jedes Ion muß auf jedes andere Kräfte
ausüben, während ungeladene Einzelatome ihm in dieser
Beziehung gleichgültig sind. Es müssen also *beide* Moleküle polar aufgebaut sein, NH_3 lagert zwar ein H aus der
polaren HCl an, das als Ion anzusehen ist, vermag aber
die Teilnehmer des homöopolaren H_2 nicht zu fassen.

Es fragt sich also weiter, ob denn bei der Komplexbildung tatsächlich Atome sich aneinanderlagern, die wir
als *entgegengesetzt* geladene Ionen anzusehen haben, so
daß sie sich anziehen? — Auch dies ist allgemein erfüllt,
denn es gilt die Regel, daß ein Atom bei der Komplexbildung stets Atome anlagert, die denen wesensgleich
sind, mit denen es schon — in normaler Valenzbetätigung
— verbunden ist. Da diese nun stets polar entgegengesetzter Art, ihm entgegengesetzt geladen sind, faßt es
auch in der Nebenvalenzbetätigung entgegengesetzt geladene. Das Gold des schon erwähnten Goldchlorids

etwa, das wir als dreifach positiv mit drei einfach negativen Chloratomen verbunden zu denken haben:

Abb. 3.

lagert in Komplexbildung lediglich Atome negativen Charakters an, etwa ein Cl^--Ion aus dem Chlorwasserstoff:

$$AuCl_3 + HCl = [AuCl_4]^- + H^+,$$

das von dem positiven Metallatom ebensogut angezogen wird wie die drei schon vorhandenen:

Abb. 4.

Ganz analog handelt das vierfach geladen zu denkende Platinatom des Platintetrachlorids bei der Bildung der Platinchlorwasserstoffsäure oder ihrer Salze. Wir führen hier die Bildung des Kaliumsalzes an:

$$PtCl_4 + 2\,KCl = [PtCl_6]^= + 2\,K^+.$$

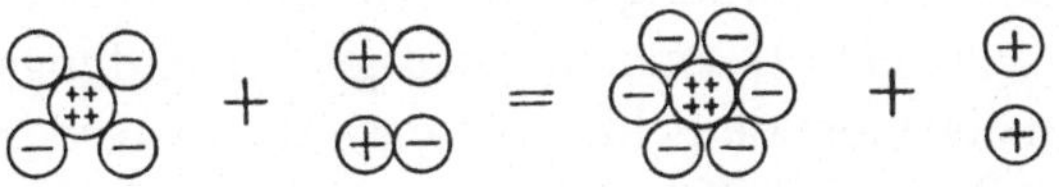

Abb. 5.

Im Komplex sind offenbar alle Chloratome dem Platin gegenüber in gleichberechtigter Lage und da sie einander abstoßen, hat man zu erwarten, daß sie ein Oktaeder bilden. Dem entspricht die von *Werner* aus der chemischen

Erfahrung heraus gebildete Vorstellung, daß sie räumlich gleichwertig, als Oktaeder, ihr Zentralatom umgaben.

Damit kommen wir letztens zur *Größe* der Kräfte. Warum fesselt etwa das Goldatom des Goldtrichlorids das Chlorion der Salzsäure so fest an sich, daß dies lieber das Wasserstoffion, zu dem es doch gehört, fahren läßt und mit jenem das komplexe Anion $[AuCl_4]$ bildet? — Die Antwort, die das Ladungsschema nahelegt, ist: weil das Gold dreifach geladen ist, der Wasserstoff nur einfach. Die Ausdrücke, die Kraft und Arbeit für die Bindung eines negativen Ions an das Gold bemessen, sind dreimal so groß, wie die für die Bindung an ein einfach positives Atom. — Hiernach sollen solche Atome besonders befähigt sein, als Kern (wie hier Au) einen Komplex zu bilden, die große elektrostatische Kräfte auf nahe Atome auszuüben imstande sind, also solche, die hohe Ladungen annehmen, d. i. hochwertig fungieren, und solche, die andere nahe heranzulassen imstande sind, d. h. solche kleinen Volumens. Gerade Elemente, die sich in einer von diesen beiden Eigenschaften oder gar beiden zugleich auszeichnen, sind aber nach der Erfahrung Komplexbildner.

Man erkennt ohne weiteres, wie hiernach die Komplexverbindungen zu systematisieren und insbesondere in ihrer Neigung zur Ionenbildung zu ordnen sind. Wir betrachten hier nur noch eine besonders wichtige Verbindungsgruppe, um die anzuwendende Schlußweise weiter zu verdeutlichen.

19. Den Wasserstoffverbindungen der an den Periodenenden stehenden negativen Elemente:

NH_3	OH_2	FH
PH_3	SH_2	ClH
AsH_3	SeH_2	BrH
SbH_3	TeH_2	JH

entsprechen in der bereits oben angewandten Bezeichnungs-
weise die Ladungsschemata:

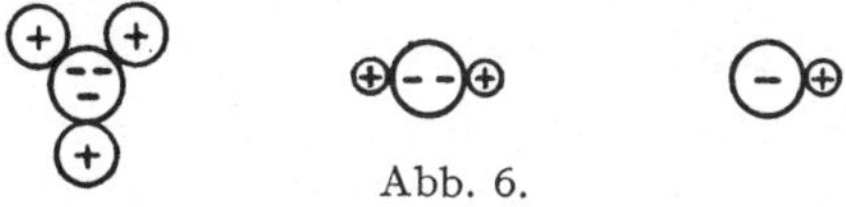

Abb. 6.

bei denen, wegen des allgemeinen Ansteigens der Atom-
volumina analoger Elemente mit dem Atomgewicht, den
weiter unten stehenden Gliedern einer Vertikalreihe jeweils
größere Radien zuzuschreiben sind. Diese Verbindungsgruppe ist dadurch wichtig, daß sie das Wasser mitten in
sich enthält — der Ionenaustausch mit dem Wasser, der
den Körpern Gelegenheit zu charakteristischer Funktion
gibt, ist also vom Modell aus zu übersehen.

Da die Ladung der negativen Atome von rechts nach
links zunimmt, muß, nach Betrachtungen der Art wie
oben, zunächst die Festigkeit, mit der die H^+-Ionen ge-
bunden sind, von rechts nach links wachsen. Dementsprechend sind die rechtsstehenden Körper starke Säuren,
und diese Eigenschaft nimmt nach links ab. Zweitens muß
innerhalb der Vertikalreihen, da das Atomvolumen wächst,
die Festigkeit der H^+-Ionen nach unten abnehmen. Entsprechend nimmt der Säurecharakter nach unten zu, es
ist etwa für die zweite Spalte:

für die Verbindung: H_2O H_2S H_2Se H_2Te
die Dissoziationskon-
   stante für Abspal-
   tung eines H^+: $K = 10^{-14}$ 10^{-7} $1,7 \cdot 10^{-4}$ 10^{-2}.

Drittens ist, nach den oben für die Komplexverbindungen
entwickelten Überlegungen, zu erwarten, daß jedes Atom
den elektrostatisch schwächeren Atomen H^+-Ionen weg-
nimmt. Hiernach vermag das O^{--} des H_2O allen den

Körpern, die rechts von ihm stehen, in denen also der Wasserstoff an einem nur einfach negativen Atom hängt, und allen denen, die unter ihm stehen, in denen die den Wasserstoff haltenden zweiwertigen Atome größer sind als O, Wasserstoffionen zu entreißen, d. h. alle diese Körper müssen in Wasser H^+-Ionen abgeben, die in Komplexen mit Wassergruppen, als „hydratisierte" Ionen, in die Masse des lösenden Wassers eintreten — alle diese Körper sind in Wasser *Säuren*. Hingegen ist das N^{---} des NH_3 dem O^{--} *überlegen*, es nimmt ihm H^+-Ionen ab, um seinerseits damit einen Komplex $[NH_4]^+$ zu bilden und die dem Wasser verbleibenden $(OH)^-$-Gruppen lassen das Ammoniak in Wasser als Basis erscheinen. Da das Atomvolumen des P höher ist, ist PH_3 dem Wasser schon weniger überlegen, und AsH_3 und SbH_3 treten dagegen völlig zurück. Noch mehr als dem Wasser selbst ist NH_3 naturgemäß allen den Körpern überlegen, die schon dem Wasser unterlegen sind und ihm H^+-Ionen abtreten müssen, d. h. den Säuren, — ihnen gegenüber tritt $[NH_4]^+$ aufs entschiedenste als Einheit (das Kation des Radikals „Ammonium") auf. Hierher gehört z. B. der oben als Beispiel behandelte Salmiak, in dem N^{---} seine Überlegenheit gegenüber dem Cl^- der HCl äußert.

20. Ein Beispiel, das um eine Stufe komplizierter ist als die Grunderscheinung der Komplexbildung und deshalb die Anwendung der Eigenschaften des elektrostatischen Feldes noch weiter durchführen läßt, bildet das Verhalten aufeinander folgender Oxydstufen, genauer der maximalen *Hydroxyde* solcher Stufen. Wir haben etwa in der ersten Periode die Reihe:

$$Na(OH), \quad Mg(OH)_2, \quad Al(OH)_3, \quad Si(OH)_4,$$

$$P\genfrac{}{}{0pt}{}{O}{(OH)_3}, \quad S\genfrac{}{}{0pt}{}{O_2}{(OH)_2}, \quad Cl\genfrac{}{}{0pt}{}{O_3}{(OH)},$$

denen wir die Ladungsschemata:

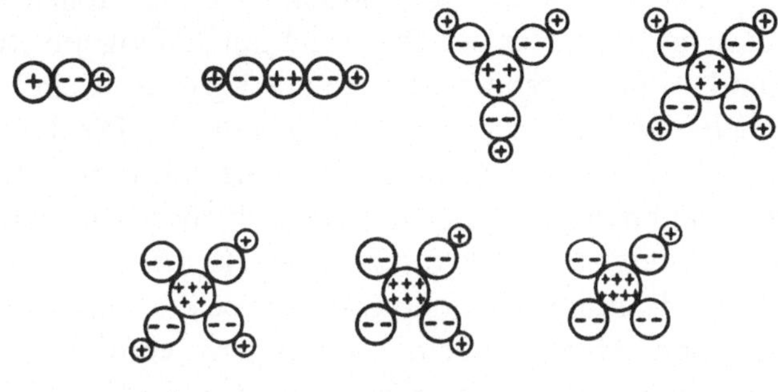

Abb. 7.

unterzulegen haben. Es ordnen sich also jeweils um ein positives Atom zunächst die Sauerstoffe, um diese die Wasserstoffe. Die Zerfallsmöglichkeiten dieser Moleküle lassen sich generell in zwei Klassen teilen: nach der einen findet die Spaltung innerhalb des Sauerstoffs, zwischen ihm und dem Kernmetall, statt, dann liefert sie ganze $(OH)^-$-Gruppen — nach der anderen außerhalb des Sauerstoffs —, dann lösen sich einzelne H^+ ab. Damit sind die selbständigen Möglichkeiten erschöpft, denn Kern-Sauerstoff einerseits, Sauerstoff-Wasserstoff andererseits sind die einzigen Bindungstypen, die vorkommen. Man übersieht sofort, daß ein zahlenmäßiges Überwiegen der ersten Zerfallsart des Hydroxyd als Basis, der zweiten aber als Säure erscheinen lassen muß — es kommt also darauf an, welche Bindung die losere ist. Die wirklichen Körper dieser Reihe durchlaufen bekanntlich kontinuierlich alle Stufen von der starken Base $Na(OH)$ bis zur sehr starken Säure $H(ClO_4)$.

Man erkennt nun am Ladungsschema, daß die Kraft, die die Sauerstoffe am Kern festhält, von Anfang bis zu Ende ständig zunimmt, da die Ladung des Kerns ständig wächst. Die Möglichkeit, hier zu spalten, geht also ständig zurück; das heißt aber: die Bildung von OH^--Ionen oder der basische Charakter der Oxyde ist am Anfang am stärksten und nimmt ständig ab. Umgekehrt ist es mit der Festigkeit der Bindung zwischen O und H. Die Ladung der beiden Teilnehmer zwar ist stets dieselbe. Indes hängt — und hier greift eine noch gründlichere Anwendung des Charakters der elektrostatischen Kräfte ein — die Stärke der Bindung ja nicht von den beiden unmittelbar verbundenen Atomen allein ab, sondern vom Felde, in dem sie liegen, also mit auch von den Ladungen entfernterer Atome. Das H^+-Ion, das vom O^{--} festgehalten wird, wird umgekehrt von dem jenseits des O^{--} liegenden Kernatom, das positiv geladen ist, abgestoßen, und da dessen Ladung in der Reihe von Schritt zu Schritt steigt, die des O^{--} gleich bleibt, tritt die Abstoßung mehr und mehr hervor, die Bindung des H^+ wird ständig loser. Die Bereitwilligkeit zur H^+-Ionenabgabe, d. h. der saure Charakter, steigt.

Die Betrachtung beider Bindungen führt also zur Übereinstimmung mit der Erfahrung. Macht man bestimmte Annahmen über die Atomradien, so läßt sich der Gang der Ablösungsarbeiten, den wir eben qualitativ betrachteten, auch rechnerisch streng festlegen. Die Figur zeigt graphisch die Resultate, die man unter den einfachsten zulässigen Annahmen erhält. Die Radien aller Atome sind gleichgesetzt, bis auf den des Wasserstoffions, der verschwindend klein angesetzt ist. (Diese Annahme ist deshalb einzuführen, weil das Wasserstoffatom als erstes aller Atome nur ein Elektron besitzt, als einwertiges Ion also sein ganzes Elektronengebäude, das den wesentlichen Teil der räumlichen Ausdehnung des Atoms ausmacht, verloren hat und auf seinen Kern reduziert ist, dessen

Durchmesser kleiner als $^1/_{100\,000}$ von dem des Atoms sein muß. Es stellt sich heraus, daß aus ihr die singuläre Rolle folgt, die das Wasserstoffion unter den einwertig positiven spielt, insbesondere der abnorm feste Zusammenhalt der OH-Gruppe in sich, wegen dessen diese Annahme auch für dies Beispiel wesentlich ist.) Abszisse ist die Wertigkeit des Zentralatoms, Ordinaten sind die Arbeiten, ein OH^- oder ein H^+ vom Molekül abzulösen. Als Einheit der Arbeit ist die eingesetzt, die zur Trennung zweier einwertiger Ionen von normalem Radius notwendig ist. Der Wert, Wasser in H^+ und OH^- zu zerlegen, der zum Vergleich wichtig ist, ist als horizontaler Strich eingetragen. Während wir qualitativ zunächst erkennen konnten, daß der basische Charakter in der Reihe abnehmen, der saure zunehmen muß, zeigt die

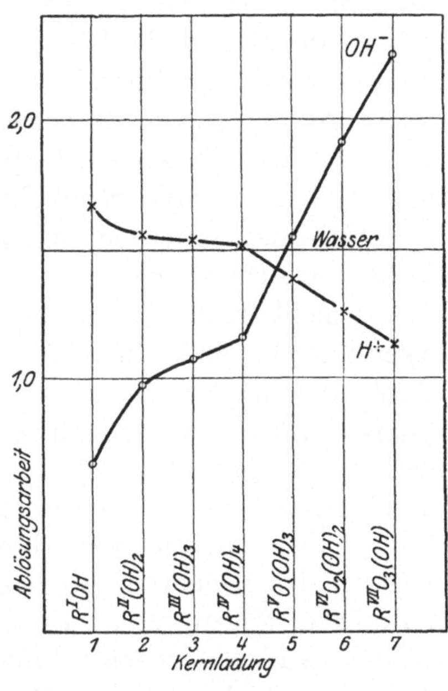

Abb. 8.

Rechnung, in der wir die beiden Arbeiten mit *einem* Maß messen können, und die danach gezeichnete Figur, welcher Charakter beim einzelnen Körper überwiegt. Zuerst ist die Arbeit, ein OH^- abzulösen, nur halb so groß, als die, ein H^+ abzulösen, die ersten Körper werden also im Überschuß OH^--Ionen bilden oder ausgesprochene Basen sein. Umgekehrt steht es am Ende, und der Umschlag von Basis

3*

zu Säure geschieht, wie es der Wirklichkeit entspricht, in der Mitte der Reihe.

In diese Überlegung geht nur die Ladung der Teilnehmer ein, d. h. ihre Valenzstufe. Sie gilt also ganz ebenso für den Vergleich verschiedener Valenzstufen *desselben* Atoms, wenn nur alle heteropolar fungieren. Das ist etwa für Mn und ähnliche Elemente erfüllt, die in allen Stufen metallischen Charakter zeigen. Hier muß also mit wachsender Oxydstufe der basische Charakter ab-, der saure zunehmen. Das wird durch eine bekannte Erfahrungsregel der analytischen Chemie bestätigt.

21. Eine analoge Betrachtungsweise läßt verstehen, warum die hochgeladenen Ionen, die wir oben (13.) annahmen, in Wasser nicht frei beobachtet werden: sie zerlegen es, eben wegen ihrer hohen Ladung, und treten nur innerhalb eines Säurerestes auf. Man kann das Entstehen dieser Einwirkung bereits von den kleinsten Ladungen an verfolgen. Jedes positive Ion, etwa aus einem Chlorid, muß auf die Bestandteile des lösenden Wassers ebenso einwirken, wie die Zentralatome der eben betrachteten Hydroxyde auf ihre Begleiter: es fesselt den Sauerstoff, stößt den Wasserstoff ab. Beide Wirkungen steigen mit wachsender Ladung und fallendem Radius des Ions. Zunächst äußert sich nur die anziehende Wirkung auf den Sauerstoff: das Wasser wird daran festgehalten, bleibt aber noch intakt. Von den nur einwertig geladenen Alkaliionen tritt erst beim kleinsten, Li, eine hervortretende Fesselung von Wasser (hohe Ionenreibung, Hygroskopizität der Salze) auf. Die zweiwertigen halten einige Wassergruppen bereits so fest, daß sie sie auch beim Eindampfen nicht loslassen, sondern als „Kristallwasser" in den festen Zustand mit einbauen. Daß diese Wassergruppen am Kation liegen, etwa:

$$[Ca(OH_2)_6]Cl_2,$$

hat bereits *Werner* gezeigt. Von da an (schon beim kleinsten zweiwertigen [Be] beginnend) beginnt nun auch schon die Abstoßung der Wasserstoffe aus dem angelagerten Wasser merklich zu werden; man erhält leicht basische Salze, und mit noch höherer Ladung dominiert diese Erscheinung, die nun als Hydrolyse bezeichnet wird, vollständig, so daß etwa das P^{+++++} des PCl_5 in Wasser nie frei auftritt, sondern nur in Begleitung zerstörter Wassergruppen: $[PO_4]^{---} + 8\,H^+ + 5\,Cl^-$ als Anion der Orthophosphorsäure. Die am höchsten geladenen Ionen beider Vorzeichen, P^{+++++} und die $O^=$, halten nun in einem festen Komplex, dem Säurerest, zusammen, die einwertigen, H^+ und Cl^-, sind lose, dissociiert oder dissociationsfähig.

22. Die angeführten Beispiele sollten eine Anschauung davon geben, daß die elektrostatischen Kräfte zwischen den Ionen die Abstufungen der für das anorganische Gebiet typischen heteropolaren Verbindungen bereits recht weitgehend darstellen. Man findet dies in einer ausführlichen Arbeit des Verfassers gründlicher durchgeführt. Die hier eingeführten Annahmen erweisen sich auch in den anderen Anwendungen, für die sie in Frage kommen, in dem ganzen Umfang als brauchbar, in dem man die Voraussetzungen als gültig ansehen darf, unter denen sie aufgestellt sind. Die elektrostatischen Anziehungskräfte sind also prinzipiell durchaus fähig, die Valenzkräfte darzustellen, und der Umfang der Übereinstimmung läßt es sehr fraglich erscheinen, daß neben den elektrischen Kräften noch andere im Zusammenhalt der Moleküle tätig sind.

23. Es bleibt nun übrig, zu zeigen, wie sich die Schlüsse, die wir hier gezogen haben, zu den Ergebnissen anderer Methoden verhalten, die etwas über Atombau und Atomkräfte auszusagen vermögen, und die Aussichten für ihre Fortbildung zu betrachten. Über die wichtige Methode

der *Spektren* berichtet der folgende Aufsatz einige wesentliche Züge und zeigt, wie sie sich mit den Schlüssen über die Ordnung der Elektronen im einzelnen Atom zusammenfügt, die wir aus den Valenzeigenschaften ziehen lassen. Was das Studium der Kräfte *zwischen* den Atomen angeht, so erkennt man leicht, daß eine strenge Behandlung nicht nur den feineren Aufbau des einzelnen Atoms einzuführen hat, sondern sich außerdem Fälle aussuchen muß, in denen die *Umgebung* der betrachteten Atome ganz scharf definiert ist, um zu bestimmten Resultaten zu kommen. Die Ionenbildung in Wasser, die die am meisten charakteristische Äußerung der Valenzkräfte bildet, ist darum zur strengen Behandlung weniger geeignet, denn die Lagerung der Bestandteile des Wassers, die das betrachtete Molekül umgeben, beeinflußt naturgemäß die Feldkräfte im Molekül sehr wesentlich, ist aber zweifellos ziemlich verwickelt und obendrein wegen der Wärmebewegung in der Flüssigkeit zeitlichem Wechsel unterworfen. Die einfachste Aufgabe bietet vielmehr der Fall, daß Atome derselben Arten, wie die, deren Zusammenhalt zu studieren ist, auch die Umgebung bilden und in regelmäßiger Anordnung feste Plätze einnehmen: der Fall des festen Kristalls.

Man erkennt ohne weiteres, daß von den oben entwickelten Prinzipien auch die Bindung der Atome im Kristall einer heteropolaren Verbindung umfaßt wird, — ein solcher Kristall ist danach ein großartiges Beispiel von Selbstkomplexbildung. Diese Erscheinung, deren erste Stufen wir in der Elektrolyse an einigen Beispielen im einzelnen verfolgen können, besteht darin, daß unter lauter gleichartigen Molekülen die Atome eines Vorzeichens die entgegengesetzt geladenen aus anderen Molekülen mit festzuhalten vermögen. Die *Erforschung des*

Kristallbaues durch Röntgenstrahlen, die aufs rascheste fortschreitet, ergibt mehr und mehr Kenntnisse über die gegenseitige Lage der Atome und bestätigt mit einer von chemischen Mitteln unabhängigen Methode die Gedanken der Komplexchemie und deren Bedeutung. Wenn man etwa beobachtet, daß im Steinsalz zwei kubische Gitter aus Natrium und Chlor so ineinander gesteckt sind, daß jedes Ion von einem Oktaeder aus Ionen der anderen Art gleichförmig umgeben ist, ohne daß in einer der Richtungen ein Nachbar als Teilnehmer desselben „Moleküls NaCl" sich auszeichnete, haben wir allein aus dieser räumlichen Anordnung zu vermuten, daß von dem einwertigen Atom sechs einwertige Nachbarn mit gleichartigen Bindungen festgehalten werden. Man steht also vor derselben, für die gerichtete Valenzeinzelkraft unverständlichen Erscheinung, wie beim Auftreten der Komplexe (16.), und hat sie offenbar ebenso zu behandeln. Ebenso wenig wie hier die Einwertigkeit der Alkali- und Halogenatome sich unmittelbar in der Struktur äußert, tut das etwa die Zweiwertigkeit von Zink und Schwefel in ZnS. In beiden Kristallformen des Zinksulfids (Zinkblende und Wurtzit) ist jedes der zweiwertigen von einem Tetraeder der Atome anderer Art umgeben, faßt also *vier* andere in gleichwertigen Lagen. Während in diesen Beispielen, in denen lauter gleichwertige Ionen vorliegen, zwar die Geometrie der Anordnung um ein Ion der in einem Komplex entspricht, aber die Ausgrenzung von Komplexen willkürlich wäre — denn *jedes* der Ionen hätte das gleiche Recht als Komplexkern zu gelten —, zeigen sich ausgesprochene engere Komplexverbände da, wo die Ladungen *ungleich* sind und die chemische Erfahrung es vermuten läßt. Im letzten Jahre ist auch das von *Werner* als Beispiel bevorzugte, oben (in Abschnitt 16) besprochene

Anion der Chloroplatinate $PtCl_6^=$ in verschiedenen Salzen ausgemessen worden. Man hat mit dem geometrischen Verfahren der Röntgenanalyse das von *Werner* aus Isomeriebeobachtungen erkannte Oktaeder der 6 Chloratome um das Platin bestätigt und weiß jetzt, daß ihr Abstand vom Zentralatom im Kaliumsalz $1{,}50 \cdot 10^{-8}$ cm beträgt. Die nur einfach geladenen, außerhalb des Komplexes stehenden leicht abdissoziierenden Kaliumatome hingegen stehen im Kristall regelmäßig zwischen den Komplexen verteilt (mit $2{,}6 \cdot 10^{-8}$ cm Abstand von den zentrierenden Platinatomen), so, daß jedes ein Tetraeder von Komplexen um sich findet und 12 Chloratome aus diesen als nächste Nachbarn hat. Hier hat also das vierfach geladene Platin einen engeren Komplex von 6 Chloratomen um sich — denselben, den es auch außerhalb des Kristalls zeigt —, das einwertige Kalium ist, loser, von je 12 Chloratomen umgeben. Von gerichteten Valenzeinzelkräften ist wiederum nicht die Rede. Wenn statt dessen die normalen elektrischen Kräfte zwischen den Atombestandteilen im Spiele sind, die wir uns bei entschieden heteropolaren Verbindungen zunächst als anziehende Kräfte zwischen den Ionenmittelpunkten und abstoßende zwischen den äußersten Elektronenschalen zusammengefaßt denken dürfen, sollte sich das nicht nur in der Geometrie der Gitter, sondern auch an deren inneren Kräften — elastischen Eigenschaften — und an den Arbeitsgrößen erkennen lassen, die man beim Zusammenbau der Gitter gewinnt.

24. Behandelt man die Anziehungen als Punktkräfte zwischen den Ionenmitten, wie wir bisher taten, so ist ihr Potential ein einfaches Coulombsches, es setzt sich aus Ausdrücken zusammen, die mit der ersten Potenz des Atomabstandes r abnehmen. *Madelung* hat als erster

vollständige Ausdrücke für das Potential eines Gitters aus Punktladungen auf einen Punkt in seinem Inneren entwickelt. Ein solcher Ausdruck gibt die Arbeit an, die man zu leisten hätte, um etwa die Ladung eines Cl^--Ions aus seiner Lage im Steinsalzgitter — gegen die Anziehung der sämtlichen, näheren und ferneren, Na^+-Ionen, aber mit Unterstützung durch die Abstoßung der anderen Cl^- — völlig herauszuholen. Umgekehrt *gewinnt* man diese Arbeit, wenn man das Cl^- ins Gitter einfügt, diese Energien sind einer der wichtigsten Beiträge zur *Bildungswärme* der Verbindung. Um die gesamte Energie der Lage des Ions im Gitter zu kennen, muß man aber nicht nur die Arbeit wissen, die man gewinnt, wenn man seine Gesamt*ladung* (Zentralladung) an ihren Ort bringt, sondern auch die, die nötig ist, um das sperrige *Elektronengebäude* des Ions zwischen seine Nachbarn zu drängen, — man muß Näheres über die *Abstoßungen* der äußeren Elektronenwolken wissen, die wir oben (14) in erster Näherung durch eine undurchdringliche Schale ersetzt dachten. Hier haben *Born* und *Landé* mit großem Erfolg die Kräfte benutzt, die man braucht, um durch äußeren Druck das Gitter noch enger ineinander zu drängen, den Widerstand gegen Kompression. Sie finden für die einfachsten Gitter, nämlich die Alkalihalogenide, in denen ja nur einfach geladene edelgasähnliche Ionen einander gegenüberstehen, daß das Potential der abstoßenden Kräfte mit r^{-9} gehen müsse, um die beobachtete Zusammendrückbarkeit zu ergeben. Dies Ergebnis ist sehr wichtig. Es wird nämlich aus Voraussetzungen gewonnen, die sehr einfach und unbezweifelbar sind, bedeutet also eine neue unabhängige Aussage über die Atomkräfte. In die Rechnungen gehen ein: 1. die Struktur des Kristallgitters, 2. die Ladung der einzelnen Atome, 3. die Annahme, daß die Abstoßung durch ein Potential darstellbar sei, das mit einer bestimmten, zu ermittelnden Potenz von r^{-1} gehe, 4. die beobachteten Werte der Kompressibilität. — Über die Struktur des einzelnen Atoms wird nichts vorausgesetzt — man muß die Rechnung als allgemein bindend ansehen. Das Ergebnis andererseits, daß für die unbekannte Potenz von r^{-1} der Wert 9 anzusetzen sei, stimmt in zwei wesentlichen Punkten mit den Eigenschaften des einfachsten Atommodells überein, das wir in den vorigen Paragraphen untersuchten. Es weist erstlich darauf hin, daß die Isotropie der Elektronenanordnung im einzelnen Atom höher sein muß als die axiale, mit der etwa *Born* und *Landé* es zuerst versuchten — *Born* zeigt, daß eine so hohe Symmetrie wie die des Würfels für diesen Exponenten nötig ist. Das stimmt damit überein, daß beim Studium der chemischen Verbindungen sich die völlig isotrope Kugelform so merkwürdig weitgehend brauchbar erweist. Nirgends drängt sich eine axiale Symmetrie, wie sie dem *Bohr*schen Modell in einfachster Form zunächst naheliegt, von selbst auf. Auf der anderen Seite nähern sich die Trennungsarbeiten der Ionen und was damit zusammenhängt, um so mehr den Verhältnissen bei einer starren undurchdringlichen Atomoberfläche, je höher der Exponent des Abstoßungsgesetzes ist. Diese letztere Idealisierung, undurchdringliche Kugelschalen, hatte sich aber bei der Betrachtung der Trennungsarbeiten als recht brauchbar erwiesen. Aus der weiteren Entwicklung dieser Frage sei noch erwähnt, daß sich bei ZnS ein weniger steiler Abfall der Abstoßung (mit r^{-5}) zeigt, was interessiert, weil Zn einer Nebenreihe des Periodischen Systems angehört, das Elektronengebäude von Zn^{++} also nicht die gewohnte Achterform eines Edelgases besitzen wird, wie die ersterwähnten Stoffe, — daß sich seine Kompressibilität aber auch nur dann wiedergeben läßt, wenn man, der Elektrovalenz entsprechend, doppelt geladene Ionen annimmt.

25. Mit diesen Anhaltspunkten über die Arbeit der anziehenden und abstoßenden Kräfte zwischen den Ionen hat sich nun auch in der fruchtbarsten Weise die Darstellung der *Bildungswärmen* heteropolarer Verbindungen angreifen lassen (Born, Fajans). Wie wir oben erläuterten, sind bei der Bildung solcher Verbindungen aus den elementaren Atomen zwei Schritte nötig.

Erstens sind die Atome aufzuladen (in Ionen zu verwandeln), indem man den positiven Atomen (etwa Na) Elektronen nimmt und sie den negativen (etwa Cl) übergibt. Hierzu *braucht* man eine Abreißarbeit, die man mittels verschiedener rein physikalischer Verfahren (Elektronenstoß, Spektrum), von denen auch im zweiten Aufsatz die Rede sein wird, für sich *messen* kann, und *gewinnt* eine Arbeit, die ein Maß für die Begierde des „elektronegativen" Atoms nach fremden Elektronen, also für seine Tendenz negativ aufzutreten, bedeutet. Diese „Elektronenaffinität" ist noch nicht für sich physikalisch meßbar — man darf hoffen, sie einmal aus Spektralbeobachtungen zu erhalten—, ist aber eine Größe von höchster Wichtigkeit, wie man leicht einsieht, wenn man sich daran erinnert, welche Rolle Oxydationsvorgänge — das Wegreißen von Elektronen aus anderen Atomen durch negative, besonders O — im ganzen Gebiet der Chemie spielen.

Zweitens sind die Atome — die nun durch die Aufladung zu Ionen geworden sind — zum Gitter der Verbindung zusammenzufügen, wobei die Arbeit gewonnen wird, von deren Berechnung wir im vorletzten Absatz gesprochen haben, — die „Gitterenergie".

Man kennt also alle einzelnen Energiebeträge bei der Bildung der Verbindung mit Ausnahme der Elektronenaffinität und könnte diese berechnen, wenn man die *gesamte* Bildungswärme aus Elementaratomen durch Versuche ermittelt hätte. Die Bildungswärme, die der Thermochemiker mit dem Kalorimeter ermittelt, die „Wärmetönung", pflegt freilich nicht den einfachen Prozeß der Bildung aus den freien elementaren Atomen (Na und Cl) zu betreffen, sondern einen Vorgang, der von einem bequem zugänglichen Zustand der Elemente ausgeht (etwa von festem Natrium und dem Gas der zweiatomigen Moleküle Cl_2 aus). Da man aber wiederum weiß, welche Energien nötig sind, um hieraus die freien Atome zu erhalten (Verdampfungswärme des Natriums, Dissoziationswärme des Chlors), übersieht man in der Tat die gesamte Energiebilanz des beobachteten Bildungsprozesses: die wirkliche Wärmetönung setzt sich daraus zusammen, daß

zu *leisten* sind:

a) Verdampfung des Metalls,

b) Dissoziation des Halogens,

c) Abreißen eines Elektrons von jedem Metallatom, und *gewonnen* werden die Wärmeentwicklungen:

d) bei der Einfügung eines Elektrons in jedes Halogenatom — „Elektronenaffinität",

e) bei der Zusammensetzung des Gitters der Verbindung aus den nun fertigen entgegengesetzt geladenen Ionen — „Gitterenergie".

So ergibt sich eine vollständige Übersicht der chemischen „Wärmetönung" aus lauter physikalisch anschaulichen Einzelbeträgen und gleichzeitig die Möglichkeit, mit Hilfe der für die Wärmetönung beobachteten Werte die einzig unbekannte, aber dem Physiker und Chemiker besonders interessante Komponente, die Elektronenaffinität des negativen Atoms („d") zu berechnen. Wie dem Chemiker nach alter Erfahrung plausibel ist, erhält man für Fluor, das „negativste" Element, die höchste Elektronenaffinität und sie nimmt systematisch ab, wenn man unter den Halogenen zu höheren Atomgewichten, zu Cl, Br, J, aufsteigt.

Man kann·nun ferner die Überlegung umkehren und die aus den Bildungswärmen bestimmten Elektronenaffinitäten dazu benützen, um unsere obigen Überlegungen über die Begrenzung der Valenz durch die Edelgaszahlen durch Nachweise über die Energiebilanzen möglicher Verbindungen zu ergänzen. Es war für diese wesentlich, daß den Elektronen, die auf eine Edelgasform folgten, eine lose Bindung, denen, die einer vollendeten Edelgasform angehörten oder eine unvollendete Edelgaszahl ergänzten — etwa dem fremden Elektron eines Halogenions —, eine feste Bindung zugeschrieben wurde. Über diese Elektronenbindungsarbeiten geben nun für die losen Bindungen die optischen Spektren, für die festen Bindungen der Edelgaszahlen die Röntgenspektren quantitative Angaben (vergleiche den folgenden Aufsatz). *Grimm* und *Herzfeld* (1923) benutzen dies, um an Halogeniden, wie NaF, MgF_2, AlF_3 einmal vollständig zu zeigen, daß die Arbeit, die man beim Eintritt der Elektronen in die Halogenatome und beim Zusammenbau der Ionen zum Gitter gewinnt, zwar hinreicht, die Ablösearbeit der losen Elektronen zu bestreiten, die über die Edelgaszahl hinausgehen (also etwa vom Mg-Atom zwei abzulösen), daß man aber eine *negative* Wärmetönung erhielte, wenn man noch ein Elektron aus der Edelgasschale (etwa des Mg^{++}) reißen, also etwa eine Verbindung MgF_3 bilden wollte. Da MgF_2 andererseits auch MgF rechnerisch an Bildungsenergie übertrifft — (hier ist wesentlich, daß das Gitter mit dem *doppelt* geladenen Mg^{++} bedeutend höhere Energie liefert, als ein dem Steinsalzgitter ähnliches mit

Mg$^+$) —, ist die Aufgabe völlig durchgeführt, aus rein physikalischen Daten (den Ablöse- und Eintritts-Arbeiten von Elektronen, den elektrostatischen Lagen-energien der geladenen Ionen) zu rechtfertigen, warum aus gegebenen Elementen eine chemische Verbindung bestimmter Zusammensetzung und keine andere sich bildet, also die Valenzäußerung quantitativ aus physikalischer Kenntnis der Atome und ihrer Anziehungskräfte herzuleiten.

26. Mit der Behandlung der Abstoßung berührten wir schon die Frage der feineren Konstitution des einzelnen Elektronengebäudes. Sie ist entscheidend für *die* Verbindungen, in denen nicht daran gedacht werden darf, daß Elektronen völlig in den Verband fremder Atome eingetreten sind, in denen also nicht zu Ionen zusammengefaßt werden darf, sondern auf die Wechselwirkungen einzelner Atom-*teile* eingegangen werden muß. Über diese Bildung von Brücken, wie wir es oben nannten, oder die *Verschränkung* der verschiedenen Elektronengebäude weiß man noch nichts Bestimmtes. Man vermag nur mit Sicherheit Stoffe anzugeben, in denen sie anzunehmen ist. Einerseits gehört hierher die innere Bindung in den Doppelmolekülen der Elemente H_2, N_2, O_2, Cl_2 und einigen ihnen nahestehenden, andererseits die Bindungsart des Kohlenstoffes. Für diese hat die Erforschung der Kristallgitter einen wesentlichen Beitrag gegeben. Fragt man, welches Gitter gleichartige Atome bilden würden, die einander anzögen, ohne dabei bestimmte Punkte der Oberflächen zu bevorzugen, so hört man mitunter die Ansicht, das ergebe ein indifferentes Gleichgewicht — eine beliebig in sich verschiebliche Anordnung —, etwas wie eine Flüssigkeit, aber kein bestimmtes Gitter. Offenbar wird aber eine möglichst *enge* Packung erstrebt werden,

so daß jeder Teilnehmer möglichst *viele* Nachbarn berührt. Diese Höchstzahl ist 12, sie wird nur bei zwei *ganz bestimmten Anordnungen* erreicht. Zeigt ein Gitter gleichartiger Atome eine dieser Anordnungen, so vermag man aus der Anordnung allein nichts über gerichtete Wirkungen von den Atomen aus wahrzunehmen. Von den kristallisierten Elementen zeigen nun mehr als die Hälfte der bisher untersuchten eine solche Anordnung engster Packung oder stehen ihr nahe. Desto interessanter sind die, welche davon abweichen und es vorziehen, statt 12 Nachbarn, wie es für gleiche Kugeln geometrisch möglich wäre, nur 8 oder 6 oder gar nur 4 nächste Nachbarn zu haben. Diese verraten entschieden, daß die Atome nicht mehr als Kugeln behandelt werden können, die einander in beliebigen Stellungen anziehen, sondern sich in bestimmten Lagen gegeneinander einstellen, wobei die Elektronenbahnebenen der einzelnen bestimmend sein mögen. Kohlenstoff gehört mit 4 tetraedrisch angeordneten Nachbarn im Diamant zu denen, die solche Auswahl der Richtungen aufs entschiedenste zeigen. Die Ansicht der organischen Chemie über die besonderen Atomanordnungen, die C bevorzuge, kommen also an diesem Stoff selbst völlig zu Ehren. Hier gibt es wirklich bevorzugte Binderichtungen, und ihre Zahl stimmt mit der Valenzzahl überein. Nur war die Ansicht unrichtig, daß diese Eigenschaft allen Atomarten zukomme und für Valenzkräfte bezeichnend sei.

Nach dieser Richtung hin münden die Probleme offenbar in den großen Aufgabenkreis der strengen Darstellung des Atombaues ein, an dem heute von allen Seiten gearbeitet wird. Man wird die Frage, wie sich die Elektronenbahnen verschiedener Atome im Diamanten oder einer Kohlenstoffkette zusammenfügen, kaum fruchtbar behandeln können, ehe man sicher weiß, wie sich die Bahnen im einzelnen Atom selbst gegeneinander einstellen. Die Antwort darauf wird man von der Theorie der Spektren erwarten, die noch über eine Fülle einzelner Tatsachen verfügt, die mehr formal geordnet, als schon zu bestimmten Aussagen genützt sind. Sonderbare Regeln über die Einstellung von Bahnebenen gegen störende Felder (*Sommerfelds* „Richtungsquantelung") deuten die Richtung an, in der auch eine regelmäßige räumliche Anordnung der verschiedenen Bahnen eines Atoms gegeneinander abgeleitet werden mag. Soweit man bisher über die Spektren genauere Rechnungen anstellen konnte, hat sich stets gezeigt, daß die Quantenbahnen der Elektronen der klassischen Elektrostatik gehorchen. Diese enge Verbindung des Quantenansatzes mit klassischer Elektrostatik und Mechanik ist einer der bisher am besten bewährten Grundzüge von *Bohrs* Theorie — man darf also nicht, wie wohl mitunter irrtümlich geschieht, zwischen Elektrostatik und Quantentheorie einen Gegensatz konstruieren wollen. Man wird daher auch in den homöopolaren Bindungen, etwa des C, wie bei den Bahnen *eines* Atoms, für die *Natur* der Kräfte ebenso die klassische Elektrostatik heranzuziehen haben, wie da, wo man zu ganzen Ionen zusammenfassen darf. Von einem Gegensatz zwischen „unitarischen" (gravitationsartigen) und „dualistischen" (der Elektrostatik ähnlichen, polaren) Bindungen, wie man ihn früher vermuten konnte, kann nicht mehr die Rede sein — *alle* Kräfte sind ihrer Natur nach *polar*, sie beruhen auf der Anziehung entgegengesetzter Ladungen, der Elektronen und Kerne, und nur die mehr oder weniger gleichförmige Verteilung der Elektronen läßt in manchen Verbindungsreihen ganze Atome geladen erscheinen (heteropolare), in anderen nicht (homöopolare Verbindungen).

27. Wenn so der Übergang zwischen beiden Bindungsarten, wie schon *Abegg* hervorhob, seiner *Natur* nach stetig ist, fragt sich, wie weit sich die vorkommenden Fälle als stetige Veränderungen aus den Grenzfällen auffassen lassen. Es folgt aus dem elektrostatischen Charakter der Kräfte, daß jede Ladung, die man in die Nähe bringt, das Elektronengebäude eines Atoms verzerrt, — ein positives Ion etwa wird das Elektronengebäude eines negativen Nachbarn, dem er ein oder mehrere Elektronen abgab, etwas zu sich herüberziehen (während der positive Kern weggedrückt wird), so daß die Polarität des ganzen Aufbaues (sein „elektrisches Moment") etwas kleiner ausfällt, als wenn die Ionenladungen streng am Ort der Kerne lägen. Diese Verlagerung wird um so stärker sein, je höher die Ladung des hinzutretenden positiven Ions ist, — sie führt offenbar in der Richtung auf ein gemeinsames Elektronengebäude beider Teilnehmer. Man kann so (wie in der erwähnten Arbeit des Verfassers von 1916 näher ausgeführt) den Übergang von heteropolaren zu homöopolaren Charakter sich in einfacheren Fällen einfach durch die elektrostatischen Deformationen entstanden denken. Wir verdanken *Born* und *Heisenberg* (1924) eine wesentliche Festigung der Schlüsse über solche Deformationen durch einen von *Bohr* 1922 zum erstenmal gewiesenen Anschluß an die Eigenschaften der Linienspektren. Die nähere Darstellung des völligen Übergangs zu homöopolarem Charakter durch den einfachen Deformationsbegriff wird man freilich heute noch vorsichtiger beurteilen als 1916 — wir wissen heute z. B., daß ein fremdes Feld nicht nur einfach die Bahnen verzerrt, sondern auch die Mannigfaltigkeit der möglichen Bahnen vermehrt (es gibt Spektrallinien, die nur in fremden Feldern auftreten), so daß zum Aufsuchen der Gleichgewichtsform eine reichere Auswahl vor-

liegt. Auch denken wir nicht mehr an einfache elektronen-besetzte Ringe, wie sie 1916 noch als möglich gelten muß-ten, bei denen sich, wenn sie quer zur Verbindungslinie der Atommitten standen, ein stetiges Herüberwandern von einem System zum anderen denken ließ, sondern müssen entschieden mit räumlich ausgeglichenen Bahn-systemen, räumlichen Elektronenschalen rechnen, für die sich zwar viele Möglichkeiten, wie sie sich bei grobem Verzerren benehmen könnten, im einzelnen ausmalen lassen, aber leider Bestimmtes noch nicht auszu-machen ist.

Um die allgemeine Bedeutung der Deformationswir-kungen richtig einzuschätzen, muß man im Auge behalten, daß hier von Fällen die Rede war, in denen ein *einseitig* an-gebrachtes Ion wirkt, wie es im vereinzelten Dampfmolekül (HCl, NaCl) der Fall sein muß, daß aber in den festen Verbindungen, den Kristallgittern, die Ionen meistens, wie erwähnt, in räumlich gleichförmigen Anordnungen von ihren Nachbarn umgeben sind, so daß deren Kräfte ein-ander in der Mitte des Ions aufheben. *Grobe einseitige Ver-zerrungen sind also hier nicht zu erwarten*; nur in der Rich-tung auf die einzelnen Nachbarn hin können Differenz-wirkungen übrigbleiben, die von niedrigerer Ordnung sind. Die Symmetrie der Anordnungen ist also wiederum recht wichtig dafür, daß man mit der Rücksicht auf die Gesamtladungen der Ionen allein so brauchbare Dar-stellungen der Gitterkräfte erreicht. Die Quantennatur der Bahnen, die uns (10) überhaupt ein bestimmtes Atomgebäude verschafft, mag hier vielleicht noch eine besondere Rolle spielen, denn rein statisch gesehen, ist nicht einzusehen, warum das Elektronengebäude sich nicht aus der labilen Mittellage einem der Nachbarn etwas zuneigen sollte, während die Quantentheorie ge-

rade jene Lage vielleicht mit Rücksicht auf irgend-
welche Periodizitätseigenschaften allein als möglich aus-
wählen mag.

28. In der Ansicht, daß überall nur die physikalisch bekannten Kräfte im Spiele sind, unterscheidet sich die hier
vorgetragene Auffassung von den Modellen von *Lewis*
und *Langmuir*, die in den letzten Jahren wegen ihrer vielfach sehr schönen und eindringlichen Bilder viel besprochen
worden sind. *G. N. Lewis* schlug 1916 nahezu gleichzeitig
mit dem Verfasser das Prinzip der Erreichung der Edelgaszahlen vor, entschied sich aber weiterhin bei dem oben
geschilderten Dilemma zwischen ruhendem und innerlich
bewegtem Modell für das mit ruhenden Elektronen. Um
dann Stabilität zu erreichen, muß, wie oben ausgeführt,
von den gewohnten Gesetzen der Elektrostatik abgewichen
oder zu fremdartigen Kräften gegriffen werden, — das
*Lewis*sche, seit 1919 von *Langmuir* weiter ausgebaute
Modell gehört also zur selben Klasse wie das von *J. Stark*.
Ähnlich wie bei diesem, aber von einem noch schärfer
festgelegten System von Vorschriften aus, werden nun
vielfach sehr anschauliche Modelle für Moleküle entworfen.
Im wesentlichen werden *lokale* Kräfte als entscheidend
angesehen. Die Achtergruppen gelten als *feste* Elektronen-
würfel, die bestimmte Stellungen gegeneinander einnehmen.
Indem nun das Prinzip eingeführt wird, daß mehrere
Würfel das Paar einer Kante oder gar eine ganze Fläche
(zwei Paare) gemeinsam haben mögen, ergibt sich ein
ganz natürlicher Übergang zwischen den Verbindungen,
die wir als heteropolar und homöopolar bezeichneten.
Obwohl im Einzelnen nicht alles als zwingend erscheint,
fügt sich manches, gerade auf der homöopolaren Seite,
so befriedigend, daß man wünschen möchte, von diesem
Prinzip der Paare etwas beibehalten zu können. Wie das

möglich sein könnte, ist freilich noch nicht zu übersehen, denn die Annahme ruhender Elektronen ist ohne Zweifel nicht zu halten. Man muß bei ihrer Beurteilung immer im Auge behalten, daß die auf den ersten Blick vielleicht geringfügig oder äußerlich erscheinende Entscheidung darüber, ob die Elektronen ruhen oder nicht, ganz tiefgehende Folgen für die *Natur* der im Spiele befindlichen Kräfte hat. Ein Modell aus ruhenden Elektronen braucht Zusatzkräfte *fremder Natur*, — erlaubt also nicht, die chemischen Wirkungen nach bekannten Naturgesetzen zu übersehen, sondern muß Zusatzvorschriften machen, wie sie *Langmuir* in einer Reihe von „Postulaten" gibt. Umgekehrt gerät freilich das bewegte Modell in Widerspruch mit der klassischen Elektrodynamik — was *Lewis* zu dem Wege bewog, es mit dem ruhenden zu versuchen —, allein solche Abweichungen sind bereits wegen der Vorgänge bei der Lichtemission des Atoms als nötig erkannt und in der Quantentheorie systematisch festgelegt. Es erscheint also richtiger, anzunehmen, daß, im Widerspruch zur Elektrodynamik, im Atom dauernde Elektronenbewegungen vor sich gehen können, die nähere Sorge dafür der Quantentheorie zu überlassen, die ja mit Hilfe der *Bohr*schen Theorie der Spektren immer weiter in diese Verhältnisse eindringt, und es auszunützen, daß man nun der Notwendigkeit, fremdartige Kräfte anzunehmen, überhoben ist. Freilich verliert man damit die von Alters her geübte Freiheit, sich nun im einzelnen für jede chemische Erfahrung mit besonderen Annahmen über Bindungskräfte fortzuhelfen; man ist gezwungen, die angenommenen physikalischen Gesetze nun auch konsequent einzuhalten. Ehe das nicht erreicht ist, wird aber überhaupt von einer „Lösung" des Valenzproblems nicht die Rede sein können. Aus diesem Grunde erscheint es so wichtig, die Fälle gründ-

lich durchzuprüfen, in denen die elektrostatischen Verhältnisse so einfach liegen müssen, daß man schon jetzt,
ohne den Atombau im einzelnen streng zu kennen, von
den bekannten physikalischen Gesetzen zu bestimmten
Aussagen über die relativen Festigkeiten der Bindungen
und damit zu bestimmten Folgerungen über die Abstufungen der chemischen Charaktere der Verbindungen
gezwungen wird. Dieser Forderung genügen bisher nur
die heteropolaren Verbindungen, weil man hier die Elektronengebäude der einzelnen Teilnehmer getrennt behandeln und zu Ionen bestimmter Ladung zusammenfassen darf. Es ist also die Absicht, mit etwas Be-
stimmtem, konsequent Durchführbarem zu tun zu haben,
die uns veranlaßt, das Studium der heteropolaren Verbindungen für die Behandlung der prinzipiellen Frage
nach der Natur der Valenzkräfte voranzustellen, denn
hier können wir am schärfsten fragen und antworten.
Die Annahme bestimmter Elektronenzahlen und -an-
ordnungen bei der Valenzbetätigung führt freilich schon
zu formal eleganten Regeln, — befriedigen konnte dieser
Schluß aber erst, wenn nachgeprüft war, daß die so gebildeten Gebäude aufeinander nun in den chemischen
Verbindungen auch die Kräfte ausüben, die nach ihren
Ladungen zu erwarten waren. Wie wir hier an einigen
Beispielen erläutert haben, erhält man in der Tat Übereinstimmung mit den chemischen Eigenschaften solcher
Verbindungen, und da auch die Spektren an mehr und
mehr Beispielen zeigen, daß ein Elektron, das sich in der
Nähe eines positiven Ions bewegt, die Kräfte erfährt, die
der normalen elektrostatischen Wirkung der Ionenladung
entsprechen, würde es unbefriedigend sein, zu statischen
Modellen und Kräften unbekannter Wirkungsweise zurück-
zukehren.

29. So ist also, trotzdem es an einer vollkommen strengen Durchführung noch mangelt — diese wird erst dann möglich sein, wenn der ganze Bau jedes einzelnen Atoms feststeht —, nicht zu bezweifeln, daß es wohlbekannte physikalische Kräfte sind, die die Valenzbetätigung der Atome bestimmen. Man wird in der schließlichen vollständigen Darstellung die elektromagnetischen Kräfte vollständig einzuführen haben, also nicht auf die elektrostatische Seite beschränkt bleiben, sondern auch elektrodynamische (magnetische) Kräfte zu betrachten haben. Die elektromagnetischen Vorgänge zeigen sich zudem innerhalb der Dimensionen des Atoms von den eigentümlichen Zusatzbedingungen beherrscht, die durch den Begriff des Wirkungsquantums charakterisiert sind, und es mag sein, daß diese Bedingungen für die nähere Kenntnis etwa der Stabilität der Atombindungen eine unmittelbarere Rolle spielen, als sich bisher aufgedrängt hat. Daß wir aber hinter der Valenzbetätigung noch neue, bisher unbekannte Naturkräfte zu vermuten hätten, ist heute außerordentlich unwahrscheinlich geworden.

Literatur.

Zu 4: *Abegg, R.*: Zeitschr. f. anorg. Chemie Bd. 50, S. 309, 310. 1906.

Zu 6: *Helmholtz, H.*: Faradayvorlesung 1881, Vorträge und Reden, Bd. 2. — *Bohr, N.*: Phil. Mag. Bd. 26, S. 857. 1913.

Zu 8: *Stark, J.*: zusammenfassend: Die Prinzipien der Atomdynamik, insbesondere Bd. III: Die Elektrizität im chemischen Atom. Leipzig 1913. — *Thomson, J. J.*: Elektrizität und Materie. Braunschweig 1904. — *Rutherford, E.*: Phil. Mag. Bd. 21, S. 669. 1911.

Zu 9 und 10: *Bohr, N.*: Phil. Mag. Bd. 26, S. 1, 476, 857. 1913. Bd. 27, S. 506. 1914. Bd. 30, S. 394. 1915. Deutsch: *Bohr, N.*: Abhandlungen über Atombau aus den Jahren 1913—1916. Braunschweig 1921. — Zusammenfassend und fortführend: Drei Aufsätze über Spektren und Atombau, Braunschweig 1922.

Zu 11 bis 21: *Kossel, W.*: Ann. d. Physik Bd. 49, S. 229. 1916.

Zu 15 und 16: *Werner, A.*: Neuere Anschauungen auf dem Gebiet der anorganischen Chemie, 5. Aufl., von *P. Pfeiffer*, Braunschweig 1923. — *Werner, A.*: Nobelvorlesung, Die Naturwissenschaften, Bd. 2, S. 1. 1914.

Zu 24: *Madelung, E.*: Phys. Zeitschr. Bd. 19, S. 524. 1918. — *Born, M.* und *A. Landé*: Sitz.-Ber. d. Preuß. Ak. d. Wiss. 1918, S. 1048. — *Born, M.* und *A. Landé*: Verh. d. D. Physik. Ges. Bd. 20, S. 202 u. f. 1918.

Zu 25: *Grimm, H. G.* u. *K. F. Herzfeld*: Zeitschr. f. Physik Bd. 19, S. 141. 1923. Zusammenfassende Darstellung über Strukturforschung: *Ewald, P. P.*: Kristalle und Röntgenstrahlen. Berlin 1923.

Zu 27: *Born, M.* und *W. Heisenberg*, Zeitschr. f. Physik Bd. 23, S. 388. 1924.

II. Über die Bedeutung der Röntgenstrahlen für die Erforschung des Atombaus.

Das allgemeine Interesse, das die Entdeckung der Röntgenstrahlen auf sich zog, war dadurch erregt, daß man plötzlich fähig war, durch Materie hindurchzuschauen und zu sehen, was sie in ihrem Inneren enthielt. In den letzten Jahren haben wir gelernt, diese Fähigkeit noch nach einer ganz neuen Seite hin auszunutzen: die Röntgenstrahlen haben begonnen, uns auch über das Innere des Atoms Auskunft zu geben, während die Vorgänge des sichtbaren Lichtes und der Chemie sich nur an der Atomoberfläche abspielen. Wir verdanken diese neuen Gedankenwege vor allem der Entdeckung von *Laue* und der Theorie von *Bohr*.

Daß die Röntgenstrahlerscheinungen sich zumeist in einer Gegend der Atome abspielen, die von deren gewöhnlichen oberflächlichen Veränderungen nicht erreicht wird, war bald zu erkennen. Die Lenardschen Untersuchungen hatten gezeigt, daß die Kathodenstrahlen tief ins Atominnere eindringen. Von den so durchschossenen Atomen ging die neue Röntgensche Strahlung aus. *Lenard* hatte weiter gefunden, daß die Bremsung der Kathodenstrahlen im Atominneren von dem speziellen physikalischen und chemischen Charakter der Atomart gar nicht abhänge, sondern nur von ihrer Masse. Was wir als Oberflächeneigenschaften ansehen, spielte keine Rolle. Genau so hielten es die Röntgenstrahlen. Wie sehr man auch die Untersuchungsmethoden verschärfte: es fand sich jahrelang

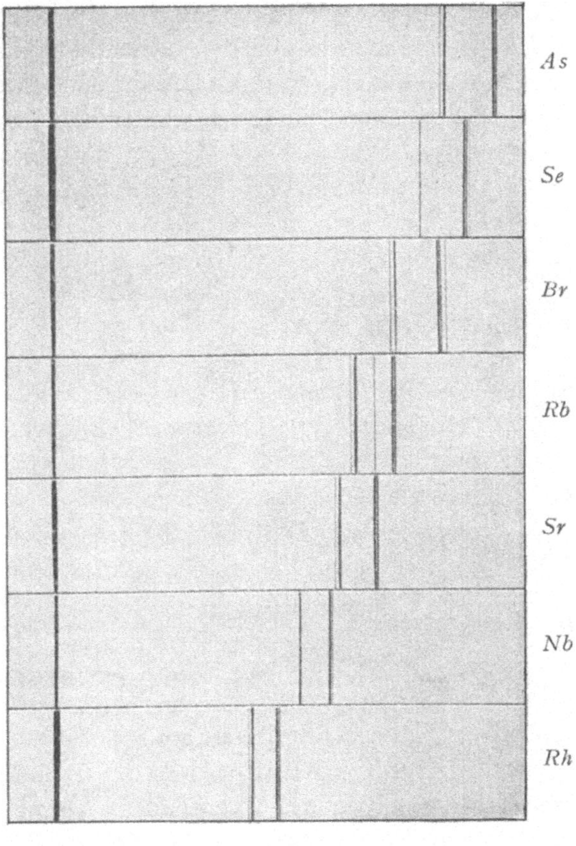

Abb. 9.

keine Andeutung, daß jemals das Verhalten eines Atoms im Röntgenlicht von seiner chemischen Bindung abhängig sei. Dies zeigte sich besonders eindringlich, als durch

die *Laue*sche Entdeckung die Aufnahme der Röntgen-
linienspektren möglich geworden war, die die von den
raschen Kathodenstrahlen getroffenen Atome aussenden.
Jedes Element gab ein charakteristisches Spektrum aus
scharfen Linien, wie man es von den tausendmal größeren
Wellenlängen des Lichtes her kannte. Wir geben in Abb. 9
und 10 einige der schönen Aufnahmen wieder, die *Siegbahn**)

Abb. 10.

gewonnen hat. Man erkennt daran, daß der Bau dieser
Spektren von Element zu Element derselbe ist, daß aber
die ganzen Liniengruppen mit wachsendem Atomgewicht
stetig zu kleineren Wellenlängen herüberrücken. Die Lage
der Linien eines Elementes zeigte zunächst nicht den
mindesten Unterschied, ob man es nun rein oder in che-
mischer Verbindung untersuchte, erst ganz neuerdings

---

*) Aus dem Bericht von *M. Siegbahn*, Naturwissenschaften V,
1917, S. 513 u. 528.

(1924) ist es *M. Siegbahn* und seinen Schülern gelungen, durch Steigerung der Meßgenauigkeit winzige Einflüsse solcher Art aufzufinden. Im Gegensatz zu den optischen Spektren, die durch chemische Bindung des Atoms von Grund auf verändert werden, scheinen diese raschen Schwingungsarten — die Schwingungszahlen sind hier 1000—10 000 mal höher als bei Licht — von den Verhältnissen an der Atomoberfläche nahezu gar nicht Notiz zu nehmen. Durch alles war der Schluß nahegelegt, daß wir in den Röntgenspektren eine Äußerung des Atominneren zu sehen haben, einer Tiefe, in die äußere Kräfte nur schwer eindringen und in der alle Atome der verschiedenen Elemente gleichartig gebaut sind.

Den Weg zu ihrer theoretischen Deutung hat die *Bohr*sche Atomtheorie gebahnt. Für den heutigen Überblick erinnern wir nur kurz*) an deren Grundzüge.

1. Die Bohrsche Atomtheorie.

Das Rutherford-Bohrsche Modell schreibt bekanntlich vor:

Die Z Elektronen, die das Element der Ordnungsziffer Z im periodischen System um einen Z-fach positiv geladenen Kern versammelt hält, sollen sich bei ihrer Planetenbewegung nur auf solchen Bahnen dauernd aufhalten dürfen, für die ein von der Quantentheorie vorgeschriebener Impulsintegralausdruck ganzzahlig ist. Für die von *Bohr* zuerst angesetzten Kreisbahnen wird dieser Ausdruck

---

*) Siehe darüber etwa in den „Naturwissenschaften" außer dem erwähnten Bericht von *Siegbahn* z. B. die Berichte von *F. Reiche* und *P. Epstein* im *Planck* Heft 1918 (VI, Heft 17) sowie vor allem das Heft: „Zum zehnjährigen Jubiläum der Theorie von *Niels Bohr* über den Bau der Atome" 1923, das u. a. *Bohrs* (auch für sich erschienenen) Nobelvortrag enthält.

einfach gleich dem Impulsmoment: Bewegungsgröße $m\,v\,\cdot$ Bahnradius r, multipliziert mit der Konstanten $2\,\pi$ und die Bedingung ist, daß dieser Ausdruck ein ganzes Vielfaches der Planckschen Quantenkonstante h sei:

$$2\,\pi \cdot m\,v\,r = n \cdot h$$

oder das Impulsmoment:

$$m\,v\,r = n\,\frac{h}{2\,\pi}.$$

Die so ausgezeichneten Bahnen sollten elektrostatisch und mechanisch normal, also nach der gewohnten Himmelsmechanik berechenbar, aber von der elektrodynamisch vorgeschriebenen Ausstrahlung mit der Umlaufsfrequenz befreit sein. Diese Ausstrahlung würde dazu führen, daß das bewegte Elektron, indem es seine Energie verliert, immer mehr und mehr gegen den Kern fällt. Nach dem angegebenen Impulsansatz wächst der Bahnradius mit der „Quantenzahl‟ n. Tiefer als bis auf die innerste Bahn $\left(n = 1,\;\; m\,v\,r = \dfrac{h}{2\,\pi}\right)$ darf ein Elektron überhaupt nicht fallen, diese Bahn ist strahlungslos. Befindet es sich weiter außen ($n > 1$), so darf es hereinfallen (die äußeren Bahnen dürfen durchaus nicht, wie manchmal geschieht, einfach als nichtstrahlend bezeichnet werden), muß dabei aber im einzelnen besondere Vorschriften innehalten: es darf nur von erlaubter Bahn zu erlaubter Bahn übergehen und die dabei freigewordene Energie darf nicht mit der jeweiligen Umlaufsfrequenz ausgestrahlt werden, sondern erhält eine Frequenz ν, die durch die freigewordene Energieportion $\varDelta E$ und die Quantenkonstante h bestimmt ist:

$$\nu = \frac{\varDelta E}{h}$$

(Bohrsche „Frequenzbedingung".) Nimmt das Atom umgekehrt Energie auf, wobei ein Elektron in eine vom Kern weiter entfernte Bahn gebracht wird, so darf dies nur in Schritten geschehen, die zu erlaubten Bahnen führen; soll eine Energiemenge ΔE durch Absorption von Strahlung aufgenommen werden, so muß diese die Frequenz $\nu = \dfrac{\Delta E}{h}$ haben. Je höher die Frequenz, auf eine desto höhere (weiter vom Kern entfernte) Quantenbahn wird sie das erfaßte Elektron heben können — es resultieren aus den möglichen Energiestufen eine Reihe von Frequenzen, die absorbiert werden können. Sie finden ihr Ende bei der Frequenz, bei der die Energie hinreicht, das Elektron völlig vom Atom abzureißen. Man erhält eine „Serie" von Schwingungszahlen mit einer bestimmten Grenze, und da dieselben Frequenzen $\nu = \dfrac{\Delta E}{h}$ vom Atom *ausgesandt* werden sollen, wenn ein Elektron um eine der möglichen Energiestufen gegen den Kern zurückfällt, so findet sich dieselbe Serie von scharfen Frequenzen oder „Spektrallinien" für Emission wie für Absorption. *Bohr* zeigt an den einfachsten Atomen, Wasserstoff und Helium, daß diese Vorschriften numerisch mit voller Meßgenauigkeit von den wirklich beobachteten Serien erfüllt werden, wenn nur ein Elektron da ist.

Bohrs allgemeiner Ausdruck für die Energie des Elektrons auf der n-ten Quantenbahn lautet:

$$E_n = -\frac{2\pi^2 m e^4}{h^2} \cdot \frac{Z^2}{n^2} \qquad (\mathrm{I})$$

wo e und m Ladung und Masse des Elektrons, h die Plancksche Quantenkonstante, Z die Ladung des Kerns ist, in dessen Feld das betrachtete Elektron sich bewegt. Geht es vom n-ten in den m-ten Zustand zurück, so ist die freiwerdende Energie:

$$\Delta E = E_n - E_m = \frac{2\,\pi^2\,m\,e^4}{h^2} \cdot Z^2\left(\frac{1}{m^2} - \frac{1}{n^2}\right) \qquad (2)$$

und also nach der Frequenzbedingung die ausgesandte Schwingungszahl:

$$\nu = \frac{\Delta E}{h} = \frac{2\,\pi^2\,m\,e^4}{h^3} \cdot Z^2\left(\frac{1}{m^2} - \frac{1}{n^2}\right)$$

Für den Wasserstoff ist die Kernladung $Z = 1$, und *Bohrs* erster Erfolg war bekanntlich, daß die nun entstehende Serienformel genau dem bekannten Typ der Balmerschen Wasserstoffserie

$$\nu = R\left(\frac{1}{m^2} - \frac{1}{n^2}\right)$$

entspricht, und insbesondere der aus lauter allgemeinen Konstanten bestehende Ausdruck $\dfrac{2\,\pi^2\,m\,e^4}{h^3}$ der lange bekannten Serienkonstanten R gleich ist, deren allgemeine Verbreitung in den optischen Spektren *Rydberg* herausgearbeitet hatte. — Nach ihm pflegt sie heute *Rydberg*sche *Konstante* genannt zu werden. *Bohr* folgerte weiter, daß ein Elektron gegenüber einer Kernladung Z Serien der Form

$$\nu = R \cdot Z^2\left(\frac{1}{m^2} - \frac{1}{n^2}\right)$$

zeigen müsse und bestätigte dies in aller Schärfe am Fall des He^+-Atoms, dem man nur ein Elektron gelassen hat. Dies muß sich allein im Felde der doppelten Kernladung $Z = 2$ des He-Kerns bewegen und zeigt in der Tat wiederum den Balmertyp, aber mit vervierfachter Konstante:

$$\nu = 4R\left(\frac{1}{m^2} - \frac{1}{n^2}\right).$$

2. Röntgenspektren.

Hier geschah nun der erste Schritt zu den Röntgenspektren. *Bohr* zeigte, daß eine experimentell gefundene Regel über die zur Anregung der härtesten Eigenstrahlung der Elemente, der K-Strahlung, notwendige Energie durch die Annahme wiedergegeben werde, daß diese Strahlung von Elektronen ausgehe, die auf einer Bahn der Quantenzahl 1 der vollen Kernladung Z gegenüberständen. Man sieht ohne weiteres, daß diese Energie nach der Formel 2 mit Z^2 ansteigen muß. Das war aber gerade experimentell gefunden worden, und *Bohr* fand, daß auch die Absolutbeträge der notwendigen Energien sich ausgezeichnet seinem Grundansatz fügten. Der erste Schritt, mit Hilfe der Röntgenstrahlen etwas über Vorgänge auszusagen, die zwischen den innersten Elektronen großer Atome sich abspielen, war getan.

Durch die *Laue*sche Entdeckung wurde es sehr rasch möglich, die experimentellen Grundlagen zu verschärfen. *Moseley* nahm mit dem Kristall die K-Strahlung einer Reihe von Elementen auf, erhielt ganz scharfe Linien und fand, daß die stärkste Linie jedes Elementes (K_α-Linie) jeweils die Frequenz zeigte: $\nu_{K_\alpha} = \dfrac{3}{4}\, R\,(Z-1)^2$. Das konnte, im Bohrschen Sinne geschrieben, heißen

$$\nu_{K_\alpha} = R\,(Z-1)^2\left(\frac{1}{1^2} - \frac{1}{2^2}\right), \tag{3}$$

also bedeuten, daß hier ein Übergang eines Elektrons von der Quantenbahn $n = 2$ zur innersten $m = 1$ die ausgestrahlte Energie liefere. Dieses Elektron schien sich in einem Felde zu bewegen, das fast der vollen Kernladung Z entsprach. Neben der K-Strahlung, von der Abb. 9. Beispiele zeigt, war noch eine weichere Eigenstrahlung der

Elemente bekannt, die L genannt wird. Sie erwies sich ebenfalls als Linienspektrum (Abb. 10) und ihre stärkste Linie gehorchte der Formel

$$\nu_{L_\alpha} = {}^5/_{36}\, R\,(Z - 7{,}4)^2$$

ließ sich also deuten als:

$$\nu_{L_\alpha} = R\,(Z - 7{,}4)^2 \left(\frac{1}{2^2} - \frac{1}{3^2}\right) \tag{4}$$

das heißt als ein Übergang zwischen den Quantenzahlen $n = 3$ und $m = 2$. Das wies formal auf einen Vorgang zwischen der drittinnersten und der zweitinnersten Bahn hin. Dabei war besonders anschaulich, daß der quadrierte Klammerausdruck, — der im Sinne *Bohrs* die Ladung anzeigt, in deren Feld das betrachtete Elektron sich bewegt —, gegen die wirkliche Kernladung Z um einen erheblichen Betrag (7,4 Einheiten) verringert erschien. Im Falle des K-Prozesses, bei dem die Quantenzahlen 1 und 2 auf einen Vorgang zwischen den zwei innersten Elektronenbahnen hinwiesen, trat fast die volle Kernladung, nämlich eine Ladung $(Z - 1)$, in Tätigkeit, Gl. 3.; beim L-Prozeß, dessen Quantenzahlen auf die dritte und zweite Bahn von innen hindeuten, erscheint die Kernladung um mehr als sieben Einheiten verkleinert, Gl. 4. Da wir uns bei den beobachteten Röntgenspektren stets im Innern schwererer Atome mit zahlreichen Elektronen bewegen, ist es natürlich, daß beim L-Prozeß, der weiter außen stattfindet als K, sich bereits andere Elektronen zwischen das bewegte und den eigentlichen Kern eingedrängt haben und mit ihren negativen Ladungen die Wirkung der positiven Zentralladung scheinbar etwas verringern. Diese von der zentralen Kernladung abzuziehende Größe — von *Sommerfeld* als „Kernladungscharakteristik" bezeichnet — hängt augenscheinlich ganz von der Lage der inneren Atomelek-

tronen ab und kann demnach ein wichtiges Mittel werden,
diese inneren Anordnungen zu erforschen. Denkt man an
Vorgänge, die noch weiter außen liegen, so wird die „Ab-
blendung" der Zentralladung durch zwischenliegende Elektronen immer stärker werden, und denkt man sich schließlich ganz außen von irgendeinem großen Atom ein einzelnen
Elektron abgehoben und in einige Entfernung vom übrigen
Atom gebracht, so wird durch die gebliebenen Elektronen
die Kernladung bis auf eine Einheit abgeblendet erscheinen,
das Restatom erscheint als einfach positives Ion. In
einiger Entfernung muß sein Feld mit dem eines einfach
positiven Punktes übereinstimmen, das heißt, von dem
eines Wasserstoffkerns nicht mehr zu unterscheiden sein.
Prozesse zwischen weit außenliegenden Bahnen müssen
also nach dem Bohrschen Modell bei jedem beliebigen
Element dieselben Spektrallinien geben, wie beim Wasserstoff. Diese Tendenz hoher Serienglieder, schließlich auf
Ausdrücke zu führen, die von denen des Wasserstoff-
spektrums nicht mehr zu unterscheiden sind, war aus der
Erfahrung bereits lange bekannt und insbesondere von
Paschen betont worden. Sie erhält nun die — besonders
für die im vorigen Aufsatz betrachteten chemischen Folgerungen wichtige — Deutung, daß die Atomreste vielfach schon in großer Nähe nur noch wie Punktladungen
wirken.

So führt augenscheinlich ein einheitliches Bild vom
Atominnersten, wo die Röntgenspektren ihre Quelle haben,
zu den Vorgängen über der Atomoberfläche hinüber und
verspricht, über den Elektronenbau des Atoms Auskunft
zu geben. An den beiden Endpunkten läßt sich leicht an-
knüpfen: im Innersten haben wir fast mit der vollen Kernladung, ganz außen mit der Ladung eins zu rechnen — was
dazwischen liegt aber ist ungeheuer verwickelt. Man

braucht nur an die Wirrnis der meisten optischen Linienspektren zu denken, die sämtlich in der Nähe der Oberfläche von Atomen größerer Elektronenzahl entstehen, um sich lebendig zu machen, wie unübersichtlich die Verhältnisse werden, wenn man sich dem Elektronengebäude des Atoms selbst nähert. Und im Innern wird es natürlich kaum einfacher, bis man soweit vorgedrungen ist, daß man sich dem Kern selbst gegenüber befindet. Um mit genaueren Ansätzen für die Rechnung überhaupt beginnen zu können, muß man sich über die Vorgänge, die mit der Röntgenlinien-Emission verbunden sind, ein Bild zu machen suchen.

3. Erregung der Röntgenlinien. Ihr Seriencharakter.

Beim Vergleich der Röntgenlinien mit den optischen fiel ein Unterschied ins Auge, der auf eine wesentliche Verschiedenheit hindeutete: den Röntgenlinien entsprechen keine Absorptionslinien. Es ist bekannt — am besten aus den dunklen Fraunhoferschen Linien des Sonnenspektrums —, daß man optische Linienspektren auch in Absorption erhalten kann: Läßt man fremdes Licht durch einen emissionsfähigen Dampf durchtreten, so verschluckt er dieselben Wellenlängen, die er auszusenden fähig ist. Die Röntgenlinien zeigten nichts dergleichen: die K_α-Wellenlänge eines Elements wird durch eine absorbierende Schicht dieses Elements ebensogut durchgelassen, wie die unmittelbar benachbarten. Dennoch erfuhr in der Nähe der Emissionslinien auch die Absorption eine Veränderung: bei einer etwas kürzeren Wellenlänge nahm sie plötzlich gewaltig zu. Mit dem Augenblick, wo diese starke Absorption einsetzt, beginnt das absorbierende Material auf einmal selbst die K-Linien zu emittieren. Der vermehrte Energieverbrauch geht also augenscheinlich auf eine Anregung des Atominnern zurück — der Vorgang erinnert aber nicht an das gewohnte Verhalten von Spektrallinien, sondern an das fluoreszierender Substanzen. Diese verwandeln — nach der sogenannten Stokesschen Regel — stets höherfrequentes Licht in solches von niedrigerer Schwingungszahl, verschlucken etwa Blau und leuchten selbst grün. *Barkla,* der die Röntgen-Eigenstrahlung der Elemente entdeckt und auch diese Erregungsverhältnisse geklärt hat, bezeichnete sie deshalb auch als „Fluoreszenzstrahlung".

Im Bohrschen Modell bedeutet nun Absorption einer Wellenlänge stets das Herausheben eines Elektrons um die zugeordnete Energiestufe, Emission das Zurückfallen. Der Fluoreszenzcharakter ist also so zu deuten, daß ein Elektron mit hoher Schwingungszahl um eine große Energiestufe gehoben werden muß, um nachher in kleineren Schritten zurückzufallen, wobei niedrigere Schwingungszahlen ausgesandt werden. Wie kommt es, daß die Röntgenspektren auf diesen Typ von Vorgängen beschränkt sind? Bei den optischen Spektren, in denen Absorptions- und Emissionslinien übereinstimmen, kann doch anscheinend jeder Schritt eines Elektrons sowohl auswärts wie einwärts getan werden! — Erinnern wir uns nun aber an den Entstehungsort, den wir beiden Spektren zuschrieben: die optischen sollten an der Oberfläche, die Röntgenspektren in der Tiefe des Atoms entstehen. Bei den optischen Spektren finden wir, daß das Elektron frei jeden Schritt in die nächstäußeren Bahnen tun kann (Linienabsorption), und das ist verständlich: über der Atomoberfläche ist freier Raum. Beim Röntgenspektrum aber finden wir, daß dem Elektron die nächsten Schritte nach auswärts versagt sind (keine Linienabsorption), in seiner näheren Umgebung sind alle Bahnen bereits mit Elektronen förmlich angefüllt, es muß gleich einen sehr großen Schritt tun, um ins Freie zu kommen, die Absorption setzt erst da ein, wo die Schwingungszahl zum Hinausheben über die Atomoberfläche hinreicht. Mit dieser Annahme stimmt aufs schönste überein, daß gleichzeitig mit dem Einsetzen der starken Absorption und der Eigenstrahlung plötzlich an dem bestrahlten Element reichlich Elektronen frei werden: offenbar die, die nach unserer Annahme im Atominneren abgerissen worden sind. Wir können also den Mangel an Röntgen-Absorptionslinien darin begründet sehen, daß diese Strahlungen ganz tief im Atominnern erzeugt werden.

Wie kommt es aber nun, daß in der *Emission* scharfe Linien auftauchen, die nach ihrer Gesetzmäßigkeit offenbar von einem Übergang aus der zweitinnersten in die innerste Bahn herrühren? — Wir müssen wohl annehmen, daß im Ruhezustand eines Atoms die Elektronen in bestimmten Zahlen auf die innersten möglichen Bahnen um den Kern verteilt sind. Bei der Absorption in der Nähe der K-Strahlung wird nun, nahmen wir an, ein Elektron aus der innersten Bahn herausgerissen und über die Atomoberfläche hinausgeschleudert. Es ist also jetzt eine Lücke in der innersten Bahn, und es ist nichts natürlicher, als daß dieser ungewöhnliche gespannte Zustand möglichst rasch dadurch behoben wird, daß eines der nächsten äußeren Elektronen in die Lücke nachfällt. Kommt es aus der nächsten, der zweiten Bahn, so wird seine Frequenz analytisch diesen Vorgang verraten, indem sie den Faktor $\left(\dfrac{1}{1^2} - \dfrac{1}{2^2}\right)$ zeigt: sie wird dem Gesetz der K_α-Linie gehorchen. Kommt es aus der übernächsten Bahn, der dritten von innen, so wird eine höhere Energie frei, und die Frequenz wird eine höhere sein, als im ersten Fall. In der Tat hatte *Moseley* eine zweite höherfrequente K-Linie gefunden, die er K_β-Linie nannte, und bald wurde noch eine weitere entdeckt, K_γ. Die größte Energie und Frequenz, die bei einem solchen Rückfallprozeß zu erhalten wäre, müßte augenscheinlich ein Elektron ergeben, das von außerhalb der Atomoberfläche in das Atom hineinfiele. Diese Frequenz bedeutet die Grenze für die möglichen Linienfrequenzen, die Seriengrenze. Da nun diese Frequenz gerade die erste sein würde, die, wenn sie auf das Atom auffiele, ein Elektron aus der innersten Bahn über die Atomoberfläche hinausheben könnte, so wird gerade bei ihr, nach der oben angenommenen Vorstellung, die starke Absorption beginnen müssen. In der Tat liegt der Absorptionsabstieg jeweils knapp hinter der letzten beobachteten (der γ-) Linie des K-Spektrums. Die K-Linien eines Elements sind also als regelrechte Serie aufzufassen, deren Grenze vom Einsetzen der starken Absorption angezeigt wird.

4. Beziehungen zwischen den verschiedenen Serien eines Atoms.

Diese Vorstellung vom Herausreißen innerer und Nachfallen äußerer Elektronen führt zu einer Reihe von Folgerungen, an denen sie sich weiter prüfen läßt. Ganz ebenso wie auf die innerste Elektronenbahn ist sie auf die zweite anzuwenden, deren erste Linie in ihrem Gesetz schon einen Übergang von der dritten in die zweite Bahn ankündigt $\left[\text{Faktor}\left(\frac{1}{2^2} - \frac{1}{3^2}\right)\right]$. Wir haben ebenso von einer „L-Serie" zu sprechen, wie wir den Begriff der „K-Serie" zu bilden hatten, und auch hier ist bekanntlich eine ganze Reihe von Linien beobachtet worden, die wir nun alle dem Nachfallen in eine Lücke in der zweiten Bahn zuzuordnen haben. Damit ist eine Reihe von Beziehungen zwischen den Schwingungszahlen der K- und L-Serie vorauszusehen. Fällt ein Elektron unmittelbar von außerhalb des Atoms in eine Lücke im innersten System, so soll die Frequenz der K-Grenze ν_{K_g} erzielt werden. Dieselbe Umordnung können wir aber auch erzielen, wenn wir in die Lücke im innersten zunächst ein Elektron aus dem zweiten nachfallen lassen — dabei soll K_α emittiert werden — und dies dann durch eins von außen ersetzen, was die Frequenz der L-Grenze ν_{L_g} ergibt. Da die Energiemengen, die auf beiden Wegen gewonnen werden, gleich sein müssen, gilt nach der Bohrschen Frequenzbedingung auch für die Frequenzen:

$$\nu_{K_g} = \nu_{K\alpha} + \nu_{L_g}.$$

Für die beobachtbaren Größen ausgesprochen, heißt das: die Frequenz der K-Absorptionsgrenze ist gleich der Summe der Frequenzen der K-α-Linie und der L-Absorptionsgrenze. Die experimentellen Ergebnisse haben die Voraussage mit aller Schärfe der bisher erreichten Meßgenauigkeit bestätigt. Genau ebenso läßt sich schließen, daß beim Rückfallen aus der dritten Bahn in die erste (K-β-Linie) dieselbe Energie frei wird, wie beim Hereinfallen aus der zweiten (K-α) und Nachrücken eines Elektrons aus der dritten in die zweite (L-α). Danach sollte sein:

$$\nu_{K\beta} = \nu_{K\alpha} + \nu_{L\alpha} \tag{5}$$

und auch diese Gleichung hat sich an den Experimenten bestätigen lassen (wenn auch hier die unten zu erwähnende Mehrfachheit der dritten Bahn die Erscheinungen noch etwas verwickelter macht). Damit war die Annahme, K-β entspreche dem Übergang von der dritten in die innerste Bahn, aufs beste gestützt und die Seriennatur der K- und L-Strahlung bestätigt.

Die Abbildung 11 soll diese Überlegungen durch eine schematische Darstellung der Atomschalen anschaulich machen. Im Mittelpunkt ist der Kern zu denken, die Ringe bedeuten die Bahnen, auf denen sich Elektronen aufhalten dürfen — bei einem großen Atom, wie sie bei den Röntgenspektren immer vorliegen, ist anzunehmen, daß jede Bahn mit mehreren Elektronen besetzt ist, also eine Elektronenschale bildet. Die Pfeile stellen die Übergänge vor: Der oberste die Wegnahme eines Elektrons aus der innersten Bahn, also den der K-Absorptionsgrenze entsprechenden Vorgang, — der nächste die Wegnahme aus dem zweiten, die der L-Grenze zugeordnet ist, der dritte den Ersatz eines im ersten Ring fehlenden Elektrons durch eines im zweiten (K_α) und so fort. Man übersieht hieran leicht die Kombinationen, die zu den beiden eben abgeleiteten Gleichungen führen. Es ist

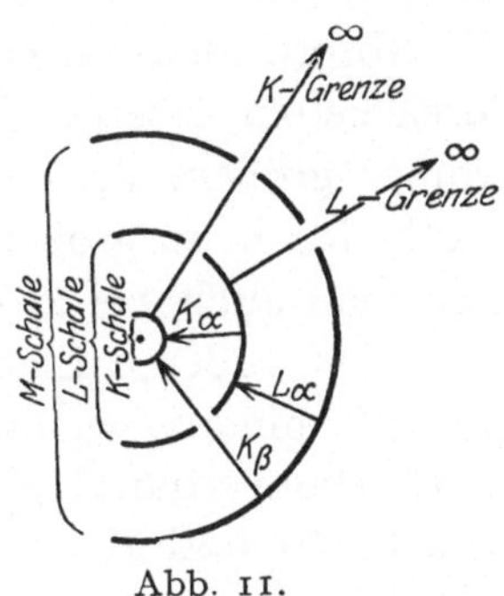

Abb. 11.

aber zu betonen, daß die Zeichnung nur die Hauptzüge hervorhebt, — wir wissen heute, daß das Bild viel reicher an Einzelheiten ist.

Der Wert solcher Wechselbeziehungen zwischen den Serien für den Atombau liegt zunächst darin, daß sich die Schwingungszahlen benachbarter Serien berechnen lassen, die schwer oder gar nicht zu beobachten sind. Sie müssen ebenso, wie zwischen K und L, auch zwischen L und der Serienemission der drittinnersten Bahn, der M-Serie, gelten. In der Tat gilt — wir nennen wiederum nur das Einfachste — :

$$\nu_{L\beta} = \nu_{L\alpha} + \nu_{M\beta}.$$

Man kann also aus der Lage der stärksten L-Linie und der zu ihr gehörigen Absorptionsgrenze die Lage der M-Grenze berechnen, die auf die Abreißarbeit aus der dritten Bahn schließen läßt. Die *M*-Serie ist jetzt unmittelbar beobachtet — sie ist bereits sehr langwellig und sehr wenig durchdringend. Man hat von ihr aus nach den gleichen Methoden auf eine noch weichere, die *N*-Serie geschlossen und diese neuerdings auch aufgefunden. Während nun hiermit die Grenze für die heutigen kristallspektroskopischen Methoden erreicht ist — die Atome stehen im festen Körper zu eng, um noch längere Wellen damit abbilden zu können —, hat man die Methode, aus den Linien der härteren Serien auf die Absorptionsgrenzen von weicheren und damit die Ablösearbeiten loserer Elektronen zu schließen, durch die immer größere Verfeinerung der spektroskopischen Meßmethoden in so großem Umfang weiter anwenden können, daß man auch bei größeren Atomen über die Bindefestigkeit der äußeren Elektronen bis zu den losesten („optischen") hinaus, wenigstens in den Grundzügen Bescheid weiß. Man verdankt diese Durchführung vor allem Arbeiten von *Coster* und *Wentzel*.

5. Die Gliederung des Atoms in Elektronenschalen.

Durch die Kenntnis dieser Serien und die Erkenntnis der Zusammenhänge zwischen ihnen erhalten wir also eine Übersicht über die Energieverhältnisse in den innersten Elektronenregionen des Atoms. Wir haben augenscheinlich eine Reihe aufeinanderfolgender Zonen oder Schalen aus Elektronen anzunehmen, deren jede der Träger einer Eigenstrahlung oder Röntgenserie ist. Wir können danach die innerste die *K*-Schale oder den *K*-Elektronenring, die zweite die *L*-Schale und so fort nennen.

Auf eine solche Anordnung der Elektronen in Zonen oder Schalen deutet nun aber auch der merkwürdige regelmäßige Wechsel hin, den die chemischen Eigenschaften mit wachsender Elektronenzahl oder Ordnungszahl des Elements durchmachen und der im „periodischen System" der Elemente zur Anschauüng gebracht wird. Es findet sich da, daß in regelmäßigen Abständen Elemente vorkommen, die besonders leicht ein Elektron abgeben (die Alkalimetalle), und ihnen folgen jeweils solche, die stets zwei auf einmal verlieren (die Erdalkalimetalle). Man muß annehmen, daß diese Elektronen an der Oberfläche abgelöst werden, denn chemische Vorgänge reichen hin, die Ablösung einzuleiten (etwa das Natriumatom in ein Natriumion zu verwandeln) und die vom Atominneren ausgehenden Röntgenspektren bleiben davon fast ganz unberührt. Man kann also annehmen, daß beim Alkalimetall ein, beim Erdalkalimetall zwei Elektronen des Atoms besonders weit außen liegen und genügt damit gleichzeitig der Tatsache, daß die optischen Serienspektren dieser Atome besonders einfach sind und untereinander zusammenhängen. Denkt man sich die Elektronengebäude der Elemente schrittweise aus den einfachsten aufgebaut, so hat man für jedes neue Element ein weiteres Elektron zuzufügen. Beim Alkali hat man es weit nach außen zu legen, beim Erdalkali noch eines dazu und es liegt nahe, so fortzufahren und eine ganze neue Außenschale aufzubauen, bis man, beim nächsten Alkalimetall, wieder einen großen Schritt nach außen machen und eine neue beginnen muß. Nach diesem Gedanken wird jeweils beim Element vor einem Alkalimetall eine Schale „fertig" und das ist jeweils ein Edelgas. Der Anfang des periodischen Systems lautet bekanntlich:

1. H							2. He
3. Li	4. Be	5. B	6. C	7. N	8. O	9. F	10. Ne
11. Na	12. Mg	13. Al	14. Si	15. P	16. S	17. Cl	18. Ar
19. K	20. Ca	21. Sc	22. Ti	23. V	24. Cr	25. Mn	26. Fe

u. s. f.

Demnach kommt man auf den Gedanken, daß mit jeder
neuen Periode eine neue Elektronenschale anzufangen ist.
Dieser Gedanke gibt dem Gang der polaren Valenzeigenschaften, den wir im vorigen Aufsatz besprachen, große
Anschaulichkeit und ist zunächst daraus entwickelt
worden. Wir stellten fest, daß diese Atome stets auf
das Entschiedenste danach streben, die Elektronenzahl
eines Edelgases anzunehmen. Nehmen wir nun an, bei

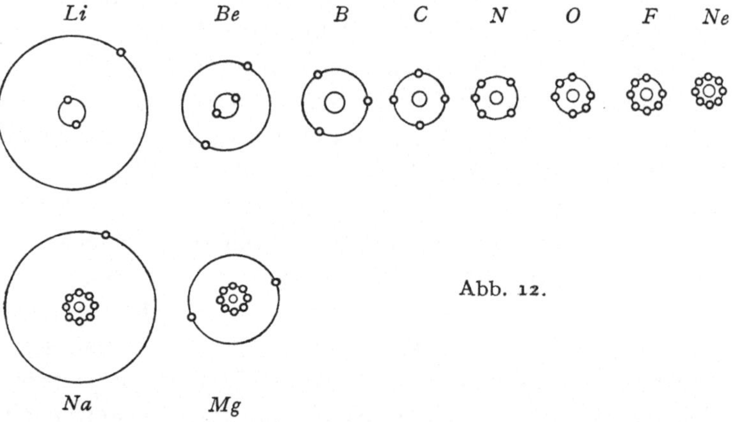

Abb. 12.

jedem Edelgas werde eine Elektronenschale fertig, so
heißt das: Diese Atome streben stets eine vollständige
Schale zu bilden. Fehlen ihnen dazu nur noch wenig
Elektronen, wie bei Cl, O usw., so suchen sie sich so
viele zu verschaffen, als ihnen fehlen und sie erhalten
sie besonders leicht aus solchen Atomen, die erst wenige
Schritte über die Vollendung einer Schale hinaus sind,
wie Na, K, Ca, und gerne die Elektronen abgeben, die
außerhalb der letzten vollendeten Schale liegen. So erhält
die Stellung der Edelgase als Angelpunkte des Periodischen
Systems, die in unsrer graphischen Darstellung Abb. 12 besonders deutlich hervortrat, ihre anschauliche Deutung im

Modell. Demnach sind der innersten Schale nur zwei Elektronen zuzuordnen, denn schon das zweite Element, *He*, ist ein Edelgas und das dritte, Li, ein Alkalimetall. Die mit ihm begonnene Schale bekommt im ganzen 8 Elektronen, sie wird beim Neon abgeschlossen, und mit Na beginnt eine neue, dritte. Wir veranschaulichen unsere Annahme im Schema Abb. 12, das den Elementen von 3 (Li) bis 12 (Mg) Elektronen entsprechen soll, in derselben Anordnung wie in dem eben gegebenen Anfang des Periodischen Systems. Die kleinen Kreise geben die Verteilung der Elektronen an. Am Ende der ersten Periode sind sie absichtlich unsymmetrisch eingetragen, um die Zahl derer, die an der Edelgasform noch fehlen, der „Lücken", die die negative Wertigkeit bestimmen, hervortreten zu lassen. Es ist ferner hervorgehoben, daß in der Periode die wachsende Kernladung die Schale mehr und mehr zusammenzieht. Die Zeichnung folgt dem Verhalten, das ein ebener, symmetrisch besetzter Ring zeigen würde. (Wiederum aber ist zu betonen, daß nur die Hauptzüge gegeben werden können, nämlich die Verteilung auf einander umgebende Systeme einheitlichen Gesetzes; daß die gesetzmäßige Verteilung nicht einfach einen ebenen Ring bildet, wie hier der Durchsichtigkeit halber gezeichnet, steht wohl fest.) Beim dritten und vierten Element sind die Elektronen der Heliumschale noch einzeln angegeben, von da an ist sie als einfacher Kreis angegeben, um das Bild nicht zu sehr zu verwickeln.

Bleiben diese Gebilde auch bei den schwereren Atomen im Inneren erhalten, während sich außen immer neue Elektronenanordnungen herumlegen, so hätten wir die bei Helium vollendete Schale aus 2 Elektronen als die Quelle der *K*-Serie, die bei Neon vollendete zweite als die der *L*-Serie anzusehen und so fort.

Man würde diese Frage beantworten können, wenn es gelänge, die Wellenlängen der einzelnen Röntgenspektrallinien aus der Elektronenbesetzung der Schalen absolut zu berechnen. Diese Aufgabe, bei der die ganzen Veränderungen, die eine Elektronenumlagerung im Innern des Atoms mit sich bringen muß, in die Energiebilanz mit einzurechnen sind, erfordert augenscheinlich sehr verwickelte Rechnungen. Als erster hat *Debye* den Versuch einer näheren Rechnung gemacht und wurde zu der Annahme geführt, daß im innersten Ring drei Elektronen sich aufhielten. Da nach dem periodischen System zwei vorhanden sind, besteht zwar immerhin noch eine Abweichung, die über die Ansprüche der Rechnung auf Genauigkeit hinausgeht. Indes haben die verschiedensten weiteren Rechenversuche an den *K*- und *L*-Linien immer wieder auf eine Besetzung des innersten Ringes mit etwa 3, des zweiten mit etwa 9 Elektronen geführt, also auf Zahlen, die anzeigen, daß in der zweiten Schale ein Mehrfaches an Elektronen sei wie in der ersten. Man darf zunächst wohl jedenfalls an der Annahme festhalten, daß die Elektronenzahlen 2 und 8 sind, wie das periodische System angibt, daß aber die Anordnung innerhalb der Schale noch zu wenig bekannt und die vollständige Rechnung zu verwickelt sei, um die Linien streng wiederzugeben.

Wenn die höheren Glieder der Röntgenserien durch Hereinfallen aus äußeren Elektronenschalen entstehen, können sie erst von den Elementen an bestehen, bei denen nach dem periodischen System die betreffende Außenschale entsteht. Auf Folgerungen dieser Art hat zuerst *Swinne* hingewiesen. Wir nahmen an, daß das in den ersten Ring eintretende Elektron der *K*-Strahlung bei der ersten Linie (α) aus der zweiten Elektronenschale, bei der zweiten

(β) aus der dritten komme, haben also für γ die vierte Schale als Ausgangspunkt anzusehen. Nach dem periodischen System bildet sich gemäß unserer Annahme die vierte Schale von Kalium an aus, und es ist befriedigend, daß K_γ vor Kalium nicht aufzufinden war, sondern erst bei den folgenden Elementen — nach *Siegbahns* neuester Übersicht von Titan an — auftaucht.

Am meisten würde es natürlich befriedigen, wenn man verfolgen könnte, wie das einfache Spektrum, das sich zeigt, wenn (bei den Alkalimetallen) eine neue Schale mit einem Elektron beginnt, sich nach und nach umwandelt, wenn mehr und mehr Elektronen in die Schale eintreten, und wie es schließlich zu einer der bekannten Röntgenserien wird, wenn die Schale bereits, von vielen anderen Elektronen umgeben, im Atominneren liegt. Diese Aufgabe ist aber nicht leicht: sie führt durch spektroskopisch schwer zugängliche Gebiete und sehr verwickelte Erscheinungen hindurch. Die Elemente, die erst ein Elektron in der Außenschale haben, die Alkalien, besitzen zwar sehr durchsichtige Spektren, die mit dem des Wasserstoffs, der überhaupt nur ein Elektron hat, große Ähnlichkeit zeigen. Gehen wir durch die Periode fort, so sind beim Erdalkali (zwei Außenelektronen) zwar die Seriengesetze noch vollständig zu übersehen, mit weiter zunehmender Elektronenzahl aber verschwindet die Übersichtlichkeit vollständig. Beim Element, das die Periode beendet, bei dem also die Schale abgeschlossen wird, sollte zum erstenmal die volle Elektronenzahl vorhanden sein, die die Schale von nun an beibehält und auch später als Quelle der Röntgenserie besitzt. Bei diesen abschließenden Elementen, den Edelgasen, sollte die Schale noch gerade an der Atomoberfläche liegen — die optischen Spektren aber sind hier ungeheuer verwickelt und für Modellüberlegungen (außer vielleicht bei Helium) noch nicht angreifbar. Nun würde es freilich für die erste Feststellung unseres Zusammenhangs mit den Röntgenspektren völlig hinreichen, wenn wir nur die Frequenz der einen Linie kennten, die entsteht, wenn ein Elektron aus der nächst-äußeren Bahn in unsere Schale zurückfällt. Dieser Vorgang ist derselbe, den wir bei den stärksten Linien der Röntgenserien annehmen, und er sollte mit ihnen in gesetzmäßigem Zusammenhang stehen. Glücklicherweise sind derartige Werte für Helium, Neon und Argon, also die Elemente, die die drei innersten Schalen abschließen sollen, schon früh durch Elektronenstoßbeobachtungen von *Franck* und *Hertz* bekannt geworden. Sie geben an, welche Energie man einem von außen herangeschleuderten Elektron mitgeben muß, damit es fähig ist, ein Elektron des getroffenen Atoms in die nächst äußere Schale zu heben. Aus der Energie aber läßt sich (siehe S. 60 unten) auch die Frequenz berechnen, die bei der Rückkehr des gehobenen Elektrons ausgesandt werden kann.

Die Heliumbeobachtung, die dem K-Ring zuzuordnen ist, also gewissermaßen als erste K-α-Linie eines vollständigen K-Systems gelten darf — denn dies wird nach dem chemischen Verhalten der Elemente bei He fertig —, schloß sich schon dem Verlauf der K-Röntgenspektren (die mit dem Kristall erst von Natrium [$Z = 13$] an beobachtet sind) so gut an, daß man schon mit großer Sicherheit behaupten konnte, das K-Elektronensystem ändere seinen Aufbau hinter dem Helium, bei dem es auch dem chemischen Verhalten der Elemente fertig sein sollte, nicht mehr. Von H und He, bei denen man noch gerade mit optischen Gittern nachmessen konnte, bis zu Natrium, bei dem die K-Wellenlängen kurz genug werden, um den gebräuchlichen Kristallgittern zugänglich zu sein, klaffte aber lange eine Lücke in den Beobachtungsdaten. In den letzten Jahren ist sie durch Elektronenstoßbeobachtungen überbrückt und die Stetigkeit des Verlaufs unmittelbar dargetan worden. Besser stand es gleich mit der zweiten, der L-Schale.

Nach dem Verlauf des periodischen Systems scheint die zweite Schale beim Neon fertig zu werden, beim Na beginnt die dritte, die Neon-Schale rückt nun (siehe Abb. 12) ins Atominnere und wird nach unserer Vermutung bei höheren Atomgewichten die Quelle der L-Serien. Wir müssen also erwarten, daß die von *Franck* und *Hertz* beim Neon beobachtete Größe mit den L-α-Linien der Röntgenspektren zusammenhängt. In der Tat läßt sich zeigen, daß die Schwingungszahl der L-α-Linie, die bei höheren Atomgewichten unmittelbar beobachtet ist und bis zum Natrium herab aus den beobachteten K-Linien (nach Gl. 5) berechnet werden kann, bis dorthin regelmäßig von Element zu Element abnimmt und unmittelbar in den Wert hineinzielt, den *Franck* und *Hertz* für die erste Linie der äußersten Atomschale des Neons beobachten. Damit scheint bewiesen, daß hier der Träger des L-Spektrums an die Atomoberfläche tritt — die Röntgenspektroskopie sagt also von sich aus dasselbe aus, was die Valenzcharaktere im periodischen System andeuten: die zweitinnerste Elektronenschale wird beim Neon fertig. Ein ähnlicher Schluß läßt sich für das Argon als Endglied der dritten Schale ziehen. Hier hat sich aber, wie wir im nächsten Abschnitt sehen werden, herausgestellt, daß die Schale noch weitere Veränderungen erleidet, wenn man zu schwereren Elementen fortgeht.

6. Der Bau der einzelnen Schalen.

Man darf also über die Existenz der Elektronenschalen und die Zahl der darin enthaltenen Elektronen einigermaßen sicher sein — wenigstens für die innersten. Nun fragt sich weiter, wie die feinere Anordnung der Elektronen in der Einzelschale aussieht. Man kann erwarten, hierüber einmal von den „Kernladungscharakteristiken" der Seriengleichungen, die ja von der Abstoßung benachbarter Elektronen auf das bewegte herzurühren scheinen, Auskunft zu erhalten. Vorderhand scheint dies Mittel noch nicht zu eindeutigen Schlüssen hinzureichen. Die Sachlage wird außerdem dadurch verwickelt, daß, nach der Feinstruktur der Röntgenlinien geurteilt, die Schalen verschiedener Zustände fähig zu sein scheinen. Die innerste zwar, mit ihren zwei Elektronen, scheint einfach zu sein. An der zweiten aber fand der Verf. 1914, daß sie mehrere, und zwar jedenfalls zwei stärkere Absorptionsgrenzen, besitze. Es gab also zwei Ablösearbeiten für Elektronen dieser Schale, und es ließ sich zeigen, daß die L-Strahlung, wenn sie ebenso wie K als Serie aufgefaßt werden sollte, eine Dupletserie konstanten Abstandes sein mußte: der verwickeltere Bau und das von *Moseley* und *Darwin* gefundene verschiedene Anregungsverhalten der L-Linien ließ sich daraus verstehen, daß hier zwei Einzelserien durcheinanderliefen. Auch in der K- Serie äußerte sich der doppelte Charakter von L: die K-α-Linie, die durch den Übergang von L her entstehen sollte, erwies sich als Duplet, und Messungen von *Malmer* (1915) ermöglichten den Nachweis, daß es richtig den Abstand der L-Grenzen zeige: es fielen also aus beiden Zuständen von L Elektronen in den K-Ring hinein. Das deutete auf einen verwickelten Bau der L-Schale aus zwei Elektronengruppen oder darauf, daß L zwei Zustände annehmen könne. Eine sichere Begründung für diese sonderbare Verdoppelung ließ sich nicht angeben.

Da zeigte *Sommerfeld* 1916, daß eine strenge formale Durchführung der grundlegenden Quantenvorschriften fordere, daß mehrquantige Bahnen nicht nur in der von *Bohr* zuerst untersuchten Kreisform, sondern auch in Ellipsen vorgeschriebener ganzzahliger Achsenverhältnisse bestehen könnten. Für eine zweiquantige Bahn ergaben sich so zwei Zustände: als Kreis und als Ellipse, deren kleine Achse die Hälfte der großen ist. Beide müßten wegen der relativistischen Massenänderungen des Elektrons während des Durchlaufens der Ellipse energetisch ein wenig verschieden sein: es ergab sich ein Duplet. Diese Folgerung wurde im optischen Gebiet genau erfüllt. Nahm man nun an, die L-Schale bestehe aus solchen zweiquantigen Bahnen und rechnete man dies Duplet so aus, als liege das L-Elektron einfach im Felde eines punktförmigen Kerns, so hatte die Dupletbreite mit der vierten Potenz der Kernladung zuzunehmen. Dies Gesetz bestätigte sich aufs erstaunlichste vom ersten (H) bis zum letzten Element (Uran) und bildet eine der schönsten Bestätigungen der allgemeinen Sommerfeldschen Quantenansätze für die Elektronenbewegung im Bohrschen Modell. Besonders wertvoll ist dabei, daß die Rechnung mit dem einfachen Zentralfeld für die Darstellung der Duplets so gut zu brauchen ist, obwohl man sich doch in der zweiten Elektronenschale bereits mitten zwischen den Elektronen befindet. Dies Feld muß in dieser Zone noch ziemlich „wasserstoffähnlich" sein, und das ermutigt zu der Hoffnung, daß man sich auch durch diese zuerst hoffnungslos verwickelt aussehenden Bedingungen einmal wird durchfinden können.

Zunächst freilich bieten sich viele große Schwierigkeiten. Die Frage, wie die Achterfiguren im einzelnen aussehen, ist mit der Erkenntnis ihrer zweiquantigen Natur noch nicht gelöst, — ja der einfachste Ansatz zeigt, daß die L-Ellipsen in die K-Bahnen einschneiden müssen, so daß man nicht versteht, wieso sie sich um diese Störung so gar nicht kümmern, sondern das Gesetz eines einfachen Zentralfeldes zeigen. Die *Sommerfeld*schen Quantenansätze ergeben aber, trotzdem man die Verhältnisse im Atominneren noch nicht vollständig und streng durchzurechnen vermag, soviel Berührungen mit der Beobachtung und soviel Gelegenheit zu weiteren theoretischen Ansätzen, daß man ihre Aussagen über die Möglichkeit verschiedener Bahnformen heute zu den wesentlichsten und sichersten Zügen vom Atombau rechnen muß.

Formale Überlegungen, die sich einer bestimmten Vergleichsmethode zwischen Quantenereignissen und klassischer Theorie bedienen (*Bohrs* „Korrespondenzprinzip"), erlauben, zu vermuten, welche Bahnformen bei der Emission beobachteter Spektrallinien im Spiel sind. Damit ist der Weg eröffnet, aus den Spektren nicht bloß über den *Energie*inhalt der Atomzustände, sondern auch über die *Bewegungsformen* der anwesenden Elektronen etwas zu schließen. Hiermit hat *Bohr* 1921 sehr interessante Schlüsse gezogen, die das Problem der „großen" Perioden des periodischen Systems der Elemente betreffen. Es handelt sich dabei um die Erscheinungen, die die vielen Bemühungen, für das periodische System eine geschlossene elegante geometrische Anordnung zu finden, immer wieder vereitelt haben.

Am Gang der Valenzen (Abb. 1) zeigt sich, daß bei Argon (dem Element Nr. 18) die dritte stabile Form vorliegt, es ist also zu vermuten, daß hier eine dritte Schale sich vollendet. Nun ist aber formal unbefriedigend, daß deren 8 Elektronen sich nicht zu gleichen Teilen auf die drei Bahnformen (Kreis, zwei Ellipsen) verteilen lassen, die nach der *Sommerfeld*schen Überlegung für diese dritte Bahnengruppe möglich sind. In der weiteren Fortbildung tritt auch etwas Abnormes ein: es folgt nicht wieder, wie in den beiden vorhergehenden Perioden, nach acht Elementen ein Edelgas, sondern eine Gesellschaft von höchst unregelmäßig sich benehmenden, in der Valenz unschlüssigen und dabei stark magnetischen Elementen, die Eisengruppe. Die darauffolgenden Elemente aber benehmen sich mit ihrer ansteigenden Valenzzahl so, als bilde eine Zahl von 28 Elektronen eine stabile Form (siehe die Horizontale, die Abb. 1 für diesen Elektronengehalt zeigt), während doch das Element, das diese Zahl normal besitzt, das Nickel, weit davon entfernt ist, sich in seinen Eigenschaften mit einem Edelgas vergleichen zu lassen. Erst 18 Stellen nach dem Argon findet sich wieder ein Edelgas, das Krypton. Wegen der starken Auszeichnung der Zahl 28 war von vornherein ersichtlich, daß man nicht an ihr vorbei einfach vom Argon zum Krypton wieder eine Außenschale von 18 Elektronen aufbauen dürfe. Der Verfasser brach deshalb die Vorschläge zur Schalenanordnung seinerzeit hier ab und hob nur noch hervor, daß die weiteren Edelgase den Charakter der sie umgebenden Elemente ebenso bestimmten, wie die früheren. *Ladenburg* forderte 1920 eine „Zwischenschale", die zusammen mit den inneren 28 Elektronen enthalte, und *Bohr* zeigte 1921 an den Spektren des Kalium und Calciums, daß diese „Zwischenschale" einfach eine Erweiterung der dritten Schale sei. Die Zahl von 18 Elektronen, die diese schließlich erhält, läßt sich nun auch zu gleichen Teilen auf die drei Bahnformen verteilen, so daß *Bohr* annimmt, jede Bahnform sei hier schließlich durch 6 Elektronen vertreten. Man erhält so:

in der *ersten* Schale *eine* Bahnform, vertreten durch 2 Elektronen,

in der *zweiten* Schale *zwei* Bahnformen, vertreten durch je 4 Elektronen,

in der *dritten* Schale *drei* Bahnformen, vertreten durch je 6 Elektronen, so daß auch dem Bedürfnis nach formaler Geschlossenheit, das mit den früheren Entwürfen von Elementtabellen nicht zu befriedigen war, Genüge getan wird. Der hier eingeführte Gedanke läßt sich in sehr einleuchtender Weise fortbilden, um auch das Auftreten der nächsten großen Periode, sowie der Gruppe der „seltenen Erden", die in allen Tabellen des Systems eine Wunde bildet, durch die Annahme wiederholter Umbildungen von Elektronenschalen zu deuten. Vorzüglich zum obigen Schema passend, nimmt die vierte Schale nach den seltenen Erden 32 Elektronen auf, — aller Wahrscheinlichkeit nach in jeder der vier Bahnformen acht Elektronen. Hier greifen auch die Röntgenspektren in der oben angedeuteten Weise stützend ein, indem sie von den seltenen Erden an mit neuen Linien das Auftreten neuer Bahnformen in der vierten Schale anzeigen. Wir haben also als wesentlichen neuen Zug des Schalenbaues die Umbildungsfähigkeit der dritten, vierten (und fünften) Schale hervorzuheben, die zu den bisher rätselhaften Erscheinungen der „großen" Perioden Anlaß gibt.

So versprechen die spektralen Methoden über die zuerst von den chemischen Charakteren der Elemente angezeigte Ordnung der Elektronen zu Schalen allmählich mehr und mehr Einzelnes zu lehren. Dabei greifen Röntgen- und optische Spektren völlig ineinander. Die Röntgenspektren verraten sogar *mehr* Energiestufen, als man nach dem Sommerfeldschen Schema in einfachster Anwendung erwarten sollte; man hat hier formal ordnen können, ist aber noch nicht sicher, was für das Atommodell daraus zu schließen ist. Ähnlich ergeht es großen Teilen des ungeheuren optischen Materials. Da man sich hier an der *Oberfläche* des Atoms bewegt, erhält man Schlüsse, die insbesondere zu den Interessen des Chemikers Beziehung

haben. *Bohr* hat im Zusammenhang mit den oben angedeuteten Überlegungen zum Problem der großen Perioden
einen Entwurf für die Bahnenverteilung im ganzen System
gegeben, der sich soweit als möglich an das Bekannte
anschließt, im übrigen möglichst formal ausgeglichene Verhältnisse annimmt. So wird vermutet, daß sich in der
zweiten Schale zunächst von Lithium bis Kohlenstoff
vier Ellipsen, dann von Stickstoff bis zu Neon vier Kreisbahnen bilden, ein Gedanke, der dem Chemiker dadurch
sympathisch sein wird, daß er dem Kohlenstoff vier gleichwertige Bahnen zuschreibt, und dessen Nachprüfung von
den Spektren von Beryllium, Bor und Kohlenstoff, die
als unbequem erzeugbar noch weniger gut bekannt sind,
zu erwarten ist.

Die wichtige Frage, warum überhaupt Schalen „abgeschlossen" werden und so die Periodizität des Systems
der Elemente entsteht, ist noch nicht beantwortet. Indes
hat *Bohr* darauf hingewiesen, daß das „Verbot" für die
Außenelektronen, etwa noch in den beim Helium vollendeten, dem Kern am nächsten stehenden, Verband von
zwei Elektronen, die K-Schale, einzutreten, gleicher Art
sein möge, wie gewisse „Verbote" des Überspringens, die
man an den Spektren kennen gelernt hat. Nicht zwischen
allen Bahnarten nämlich darf ein Elektron unmittelbar
übergehen, es bestehen „Auswahlregeln", die sich formal
ordnen und mit dem erwähnten „Korrespondenzprinzip"
in Zusammenhang bringen lassen. Dies Gebiet ist zwar
begrifflich sehr schwierig; allein, da man weiß, daß die
Auswahlregeln beim Springen der Elektronen zwischen
freien Bahnen wirklich gelten, ist jedenfalls *empirisch*
sicher, daß hier noch ein Prinzip besteht, das seiner Natur
nach auch die Aufnahmefähigkeit der Schalen begrenzen
könnte.

Im Zusammenhang damit sieht *Bohr* das oben erwähnte Eingreifen der *L*-Schale in die *K*-Schale als ein für die Stabilität der Anordnungen sehr wesentliches Moment an. Läßt man für die äußersten Schalen alle erlaubten Bahnformen zu, so findet sich, daß die mit der größten Exzentrizität tief in die innersten Schalen reichen und, da hier weit höhere Felder herrschen, gänzlich von der im einfachen Felde geltenden Ellipsenform abweichen müssen. So, wie das Valenzelektron des Lithiums — das erste der *L*-Schale — auf einem kleinen Teil seiner ausgedehnten Bahn dem Kern näher kommt, als die beiden der *K*- oder Helium-Schale, — scheint nach *Bohrs* Überlegungen z. B. auch das Valenzelektron des Kaliums — das „loseste" und im Hauptteil seiner Bahn äußerste des ganzen Atoms, bei der Annäherung an das Gebäude der übrigen zwischen diese hineinzuschießen, dem Kerne näher zu kommen als alle andern, dann aber wieder herauszutauchen und verhältnismäßig langsam eine große Außenschlinge zu beschreiben. Wegen dieser Verschlungenheit der Bahnen vermeidet *Bohr* den Ausdruck „Schalen" und spricht von „Gruppen". Wir haben den Ausdruck „Schalen" beibehalten, denn wenn sie einander auch nicht streng ausschließend umhüllen, so verlaufen die Bahnen der höheren Gruppen doch im wesentlichen, von den kurzen Eintauchzeiten einer Teilgruppe abgesehen, außerhalb von denen der niederen. Im wesentlichen besteht also doch die Umhüllung und dem Verfasser scheint zweckmäßig, den Namen „Schalen" weiter zu gebrauchen, weil er anschaulich einen Grundzug der Anordnung ausdrückt, an den man bei aller sonstigen Unsicherheit glauben darf: die Neigung zu einer möglichst hohen zentralen Symmetrie, die sich immer wieder geltend macht. „Gruppen" könnten auch auf verschiedenen Seiten des Atoms einander gegenübersitzen, der Ausdruck „Schalen" erinnert an die zentrale Symmetrie und wird auch keinen Schaden anrichten können, wenn der Leser einmal bemerkt hat, daß der Vergleich mit den Schalen einer Zwiebel nicht allzu strenge durchgeführt werden darf!

Im Jahre 1919 wies *Stenström* zum erstenmal eine weitere Erscheinung experimentell nach, die man nach den Vorstellungen, die wir uns oben mit Hilfe des *Bohr*schen Modells von der Serienerregung machten, voraussehen mußte. Die Absorption sollte in der Heraushebung des Elektrons über die Atomoberfläche bestehen. Aus der Optik wissen wir, daß ein von der Atomoberfläche selbst kommendes Elektron in die verschiedensten Bahnen außerhalb des Atoms versetzt werden kann, wodurch eben die scharfen Absorptionslinien der Optik entstehen. Dasselbe sollte auch einem von innen herausgehobenen Elektron erlaubt sein. Freilich besitzen bei ihm, an dem bereits die große Arbeit geleistet worden ist, es aus der Nähe des Kerns wegzuholen, die verschiedenen Bahnen außerhalb des Atoms nur noch geringe Energieunterschiede und deshalb können auch die Frequenzunterschiede, die den verschiedenen Übergängen in diese Außenbahnen entsprechen, den hohen Röntgenfrequenzen gegenüber nur gering sein. Ein genügend gesteigertes Auflösungsvermögen aber mußte sie unterscheiden können und nachweisen, daß die scheinbar so scharfe Absorptionsgrenze in der Tat ganz eng liegende Absorptionslinien enthält. *Stenström* fand diese Erscheinung 1919 an der *M*-Serie, *Fricke* an der *K*- und *G. Hertz* an der *L*-Serie. Der Übergang zum optischen Charakter der Absorption in Linien fand sich, wie wir erwarten mußten, gerade da, wo wir mit der Atomoberfläche zu tun bekommen.

Man darf hoffen, aus dieser Erscheinung noch Schlüsse über die Verhältnisse an der Atomoberfläche ziehen zu können, wenn andere Mittel versagen. Sie muß von diesen Verhältnissen, — etwa der Zahl der dort anwesenden Elektronen, also dem Ionisationszustande des Atoms —, abhängen und ist dadurch prinzipiell wichtig. *Hier ist nämlich der Punkt, an dem die äußeren Bedingungen, unter denen das Atom steht, auf die Röntgenstrahlenerscheinungen Einfluß gewinnen müssen, die sich sonst allgemein in solcher Tiefe des Atoms abspielen, daß ihnen,* wie wir in der Einleitung hervorhoben, *die Umgebung gleichgültig ist.* Auch diese Erwartung hat sich bestätigt. Im Siegbahnschen Institut hat *J. Bergengren* nachgewiesen, daß die K-Absorptionsgrenze des Phosphors in der Phosphorsäure und in der einen (vermutlich der „weißen") allotropen Modifikation des Phosphors selbst eine deutlich andere Lage hat, als in der anderen („schwarzen") Modifikation. Ammoniumphosphat und Phosphorsäure hingegen stimmen überein, — dem entsprechend, daß (vgl. die im vorigen Aufsatz besprochenen Gedanken) Ladung und nächste Umgebung des P-Atoms hier als gleich anzusehen sind. Man sieht, daß bereits dies Ergebnis nahe daran ist, für den Zustand des P-Atoms in den verschiedenen allotropen Modifikationen einen wertvollen Fingerzeig zu geben: im einen Fall steht er dem Zustand innerhalb des Phosphorsäureanions bedeutend näher, als im anderen. Weiterhin hat *Lindh* systematisch den Zusammenhang mit der Valenzstufe verfolgt: beim Chlor rückt vom einwertigen über den drei- und fünf- bis zum siebenwertigen Zustande die Absorptionsgrenze systematisch zu höheren Schwingungszahlen vor, in demselben Sinne also, in dem die Abreißarbeit eines Elektrons von einem Atome wächst, das höher und höher positiv geladen wird.

Die vielfältigen Eigentümlichkeiten der Röntgenserien
versprechen noch viele Ergebnisse im einzelnen. Schon
jetzt aber sind die Röntgenstrahlen das mächtigste Hilfs-
mittel geworden, in die Ordnung des Elektronen des
Atominneren Licht zu bringen.

Literatur.

Zur Einleitung (Methoden der Spektroskopie): *M. Siegbahn*,
Spektroskopie der Röntgenstrahlen. Berlin, Springer. 1924.

Zu 1: Siehe das Literaturverzeichnis zum ersten Aufsatz: 9. u. 10.

Zu 2: *Bohr, N.*: Phil. Mag. Bd. 26, S. 476. 1913. — *Moseley, H.G.J.*:
ebenda, S. 1024. — *Paschen, F.*: Jahrb. d. Radioactiv. Bd. 8,
S. 174. 1911.

Zu 3 bis 6: *Kossel, W.*: Verhandl. d. Deutsch. Physik. Ges. Bd. 16,
S. 899 u. 953. 1914; S. 339. 1916.

Zu 5: *Kossel, W.*: Ann. d. Ph. Bd. 49, S. 229. 1916. — *Swinne, R.*:
Physik. Zeitschr. Bd. 17, S. 485. 1916. — *Franck, J.*, und
G. Hertz: Verhandl. d. Deutsch. Physik. Ges. Bd. 15, S. 34.
1914. (Methode u. Beobachtungen.) Physik. Zeitschr. Bd. 20,
S. 132. 1919; Bd. 22, S. 358. 1921. (Deutung.) Zusammenfassend: *Gerlach, W.*: Die experimentellen Grundlagen der
Quantentheorie, Braunschweig 1921. — *Kossel, W.*: Zeitschr.
f. Physik Bd. 2, S. 470. 1920. (Zusammenhang mit *L*- und
M-Serie). Kurzer zusammenfassender Bericht über neuere
experimentelle Forschung im Gebiet zwischen Ultraviolett
und Röntgenstrahlen und Zusammenhang der optischen und
Röntgenspektren in den letzten Abschnitten des *Siegbahn*-
schen Buches.

Zu 6: *Sommerfeld, A.*: Ann. d. Physik Bd. 51, S. 1 und 125. 1916;
zusammenfassend, mit Bearbeitung alles neueren Materials:
Atombau und Spektrallinien. 4. Aufl. Vieweg 1924. —
Bohr, N.: Drei Aufsätze über Atombau, Braunschweig 1922.
(Dritter Aufsatz.) — Nobelvortrag. — *Bohr*heft der ,,Natur-
wissenschaften". 1923. — *Stenström, W.*: Diss. Lund 1919. —
Kossel, W.: Zeitschr. f. Phys. Bd. 1, S. 119. 1920. — *Fricke, H.*:
Phys. Rev. 1920. — *Hertz, G.*: Zeitschr. f. Phys. Bd. 3, S. 19.
1920. — *Bergengren, J.*: Zeitschr. f. Phys. Bd. 3, S. 247.
1920. — *Lindh, A.E.*: Zeitschr. f. Phys. Bd. 6, S. 303. 1921.
Diss. Lund 1923. — *Coster, D.*: Zeitschr. f. Phys. Bd. 25,
S. 83. 1924.